SERIES 理科系の数学入門

線型代数

杉山健一
著

斎藤秀司
戸瀬信之
三松佳彦
編集

日本評論社

大学の数学をはじめて学ぶ人に

最近の20年間で日本の教育は劇的に変化しました.

以前, 日本の数学教育は世界に冠たるものがありました. ところが, 最近の国際的な学習到達度調査によれば, 日本の中学生・高校生の成績は欧米諸国と比べて同じ程度になっています. このような状況のもとで大学に於ける数学教育も深刻な影響を受け, 大きく変化していかざるを得ません. しかし, これまでの大学での対策はつねに中途半端で, 後手後手の消極的なものでした. 2006年には, 新学習指導要領のもとで高校教育を受けた学生が入学してきます. これを機会に『従来の20世紀の大学における数学教育の発想を根本から洗い直す』という考えから, このシリーズは生まれました.

今までの大学の数学教育では, 大学生が高校時代にどの程度のことを学んだかを想定した上で, 論理的にかなり厳密な形で数学の内容を築いていくという形式をとっていました. ところが, 大学の新入生あるいは在学生の多様化は著しく, 想定外のことばかりです.

このような状況を打開するため, このシリーズでは特に最初の導入を工夫しています. 多くの新入生が, 自然に大学の数学に入っていけるような最初の展開を用意しました. さらに, 従来のように論理的な展開を最重要視することはやめて多少の論理的な不整合は甘受し, 一般性を少なからず犠牲にすることにより, より豊かな数学的な発想, 見方を伝えられるような記述のスタイルを目指しました.

数学では, 論理的には正確であっても平板な記述を繰り返すよりは,「例」によってほとんどが理解できてしまうということが多いはずです. 気鋭の数学者による執筆陣が, このような豊かな叙述形式をとって展開する数学の世界は, 多くの読者に受け入れられると確信しています.

実は数学をどのようにとらえるか・理解するかについては，各個人の数学的な体験が大きく影響していて，非常に多様なものとなっています．理工系学部のいろいろな学科の多様な学問のサイドから上がってくる数学的基礎に対する要求も極めて幅広く，大学における数学の基礎教育はこの多様な要求に振り回されがちです．さらに近年の学問の細分化により，理工系の学部前期課程の構成は，各学科の特殊な事情を配慮したものになりつつあります．このシリーズは，そのような細かい要求に応えることを目的とはしていません．むしろ『理科系の多様な学問を学ぶ上で最も基礎的な数学の内容は何か』ということを著者と編者で常に問いかけ合いながら，シリーズ全体の成り立ちあるいは各巻の構成を考えてきました．

このシリーズが，21 世紀の理科系の教養の一翼を担うという気概で，著者・編者は執筆・編集にあたっています．このシリーズが提示する，理科系の基礎としての豊かな数学が，理科系の学問の新たな展開に寄与していくことを編者は望んでいます．

編集
斎藤秀司（東京大学）
戸瀬信之（慶應義塾大学）
三松佳彦（中央大学）

はじめに

数年前，勤めている大学の事務の方から，

“線型代数はなんの役に立つのですか？”

という質問を受けたことがある．その方は，大学で線型代数を習ったものの，実際に，現実の生活にどのように活用されているのか，まったく実感できないと述べられておられた．

この感覚は，多かれ少なかれ大学で線型代数を学習する，あるいは学習した大多数の人たちの本音ではないだろうか．工学部の授業を受け持つと，特にそのことが意識させられる．しかし，工業経営やファイナンス関連の仕事をしている卒業生の話を聞くと，線型代数こそもっとも役に立つ数学の理論なのだそうである．この意識の違いは教養課程の線型代数での，私の講義の進め方に問題があるのではないかと思い，数年前から試験的に，私たちの世代が大学で習ったスタイルとは違った方法で講義を行ってきた．まず，線型代数が有効に活用される現実的な問題を提示し，それを解決する手法を説明したあと，その裏づけとして理論を解説したのである．

そのような折，日本評論社の編集部の方から，2006年度に入学する新入生向けに教科書を書いてみないか，という相談が持ちかけられた．2006年度の新入生に対しては，中学および高校のカリキュラムが大きく変わったため，旧来の線型代数の教科書では難しすぎる恐れがあるから，というのである．そこで勤務先の大学で，現在行っている講義の内容の概要を話し，意見を伺ったところ興味を示して下さり，そのような内容で本を書いてみたら良いのではないか，ということになって本書は生まれた．

このような生い立ちゆえ，本書の線型代数の取り扱い方は，いわゆる正統的な教科書のものとは大きく異なる．まず，抽象的な概念や説明，また緻密な理論展開は大きく切り捨てられた．具体的には，抽象線型空間やジョルダン標準形の解説は省かれている．その代わりに，線型代数の理論が現実の問題にどのように活用されるかを説明する例を多く挙げた．これらは，グラフ理論，ガウスの最小２乗近似法や２次曲線の理論，数理経営などの分野から取り上げられている．

以上の理由から，本格的に線型代数の理論を学ぼうとする学生たちや，今までの線型代数に馴れ親しんでいる方たちにとっては，多少もの足りないかもしれない．より進んだ理論の学習を志す方のためにいくつかの文献を挙げると，

1. 佐武一郎『線型代数学』（裳華房）
2. 齋藤正彦『線型代数入門』（東京大学出版会）
3. アントン（山下純一訳）『やさしい線型代数の応用』（現代数学社）

などが定番といわれる教科書である．

このうち，１と２は本格的な教科書である．３では，おもに線型代数の応用が多く解説されていて，本書でもずいぶんと参照させていただいた．

執筆するにあたり，編集委員の先生方から貴重な意見を頂戴し，そのおかげで本書も最初の原稿よりわかりやすく，また説明も簡明になった．また，編集部の佐藤 大器氏，筧 裕子氏にも大変お世話になった．特に筧氏には，私が TeX が苦手だということもあり，原稿の TeX ファイルの作成のお手伝いをしていただいた．つけ加えるならば，本書の図はすべて筧氏によるものである．このように，これらの方々の協力がなければ，この本が完成し得なかったであろうことは明白である．

最後にこの本により，線型代数は役に立つということを実感する方が，一人でも増えるのであれば，それは著者にとって望外の喜びである．

2006年 1月　杉山 健一

目　次

第 1 章

行列とその演算

1.1 行列とその利用法

私達の身近な問題は行列を用いて表されることが多い．たとえば

$$\{P_1, P_2, P_3\}, \quad \{Q_1, Q_2\}, \quad \{R_1, R_2, R_3, R_4\}$$

をそれぞれ I, J, K 県の都市として，バスで P_k から Q_j に向かう方法が a_{jk} 通り，Q_j から R_i に向かう方法が b_{ij} 通りあるとする．このとき，次の例題を考えよう．

例題 1.1　P_k から R_i へ，1 回乗り継いで行く方法は何通りあるか．

P_k から R_i へ，1 回乗り継いで行く方法の総数を c_{ik} で表すことにする．たとえば，$i=k=1$ の場合を考える．P_1 から R_1 に $\{Q_1, Q_2\}$ で乗り継いで行く方法は図 1.1 のようになる．

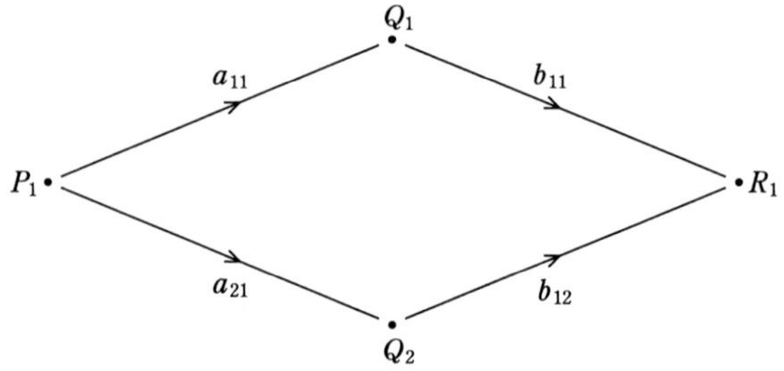

図 **1.1**

場合の数を計算すると，c_{11} は

$$c_{11}=b_{11}a_{11}+b_{12}a_{21}$$

と求められる．P_1 を P_k に，また R_1 を R_i に換えても同様の計算で，c_{ik} は

$$c_{ik}=b_{i1}a_{1k}+b_{i2}a_{2k} \tag{1.1}$$

により求められる．この計算は，**行列**といわれる表にすると見やすくなる：

$$A=\begin{pmatrix} a_{11} & a_{12} & a_{13} \\ a_{21} & a_{22} & a_{23} \end{pmatrix}: \text{都市 } \{P_1,P_2,P_3\} \text{ から } \{Q_1,Q_2\} \text{ へのバスの運行の様子} \tag{1.2}$$

ここで行列についての基本事項をまとめておこう．

$$X=\begin{pmatrix} x_{11} & \cdots & x_{1n} \\ \vdots & \ddots & \vdots \\ x_{m1} & \cdots & x_{mn} \end{pmatrix}$$

のように，サイズが縦 m, 横 n の長方形のマス目に数を入れたものを (m,n) **型行列**と呼ぶことにする．たとえば (1.2) の行列 A は (2,3) 型行列である．X を横切りにし，上から数えて i 番目のところ：

$$(x_{i1},\cdots,x_{in})$$

を行列 X の**第 i 行**と呼ぶ．また，X を縦切りにし左から数えて第 j 番目のところ：

$$\begin{pmatrix} x_{1j} \\ \vdots \\ x_{mj} \end{pmatrix}$$

を行列 X の**第 j 列**と呼ぶことにする．第 i 行と第 j 列の交叉するマス目に入る数 x_{ij} は行列 X の**第 (i,j) 成分**（あるいは簡単に **(i,j) 成分**）といわれる．

これらの用語を行列 A で確認しよう．第 (i,j) 成分 a_{ij} は P_j から Q_i に向かう方法の数を表す．第 i 行

$$(a_{i1}, a_{i2}, a_{i3})$$

は (P_1, P_2, P_3) から Q_i に向かう方法の数を横並べに書いたものであり，さらに第 j 列

$$\begin{pmatrix} a_{1j} \\ a_{2j} \end{pmatrix}$$

は P_j から (Q_1, Q_2) に向かう方法の数を縦に並べて書いたものとなる．特に $(m,1)$ 型行列，あるいは $(1,n)$ 型行列

$$\begin{pmatrix} x_1 \\ \vdots \\ x_m \end{pmatrix} \qquad (y_1, \cdots, y_n)$$

はそれぞれ m **次元縦ベクトル**，n **次元横ベクトル**といわれ，x_i, y_j を各々の**第 i 成分**，あるいは**第 j 成分**という．また m と n が等しいとき，つまり $n \times n$ の正方形のマス目に数を入れた行列を n **次行列**と呼ぶことにする．また (m,n) 型行列 X と，(m',n') 型行列 X' について，$m=m'$ かつ $n=n'$ が成り立ち，さらに X と X' の第 (i,j) 成分どうしが，すべての (i,j) にわたって等しいとき **X と X' は等しい**といい，

$$X = X'$$

と表す.

A と同様に, Q_j から R_i に向かう方法の数 b_{ij} を第 (i,j) 成分とすると, (4,2) 型行列

$$B=\begin{pmatrix} b_{11} & b_{12} \\ b_{21} & b_{22} \\ b_{31} & b_{32} \\ b_{41} & b_{42} \end{pmatrix}$$

が得られる. P_k から R_i に $\{Q_1,Q_2\}$ で乗り継いで行く方法の数 c_{ik} を第 (i,k) 成分とする (4,3) 型の行列

$$C=\begin{pmatrix} c_{11} & c_{12} & c_{13} \\ c_{21} & c_{22} & c_{23} \\ c_{31} & c_{32} & c_{33} \\ c_{41} & c_{42} & c_{43} \end{pmatrix}$$

は, B と A の**積**を用いて求められる. そのために行列の積について説明しよう.

一般に (l,m) 型行列

$$X=\begin{pmatrix} x_{11} & \cdots & x_{1m} \\ \vdots & \ddots & \vdots \\ x_{l1} & \cdots & x_{lm} \end{pmatrix}$$

と (m,n) 型行列

$$Y=\begin{pmatrix} y_{11} & \cdots & y_{1n} \\ \vdots & \ddots & \vdots \\ y_{m1} & \cdots & y_{mn} \end{pmatrix}$$

の積

$$Z=XY$$

は, (l,n) 型行列

$$Z=\begin{pmatrix} z_{11} & \cdots & z_{1n} \\ \vdots & \ddots & \vdots \\ z_{l1} & \cdots & z_{ln} \end{pmatrix}$$

で，その第 (i,k) 成分 z_{ik} が

$$z_{ik}=x_{i1}y_{1k}+\cdots+x_{im}y_{mk}$$

で定義される．これは，X の第 i 行

$$(x_{i1},\cdots,x_{im})$$

と，Y の第 k 列

$$\begin{pmatrix} y_{1k} \\ \vdots \\ y_{mk} \end{pmatrix}$$

を取り出し，それぞれの第 j 成分どうしを掛けあわせた $x_{ij}y_{jk}$ の和をとったものになっている．

さて，B と A の積 BA を求めてみよう．

$$\begin{aligned} BA&=\begin{pmatrix} b_{11} & b_{12} \\ b_{21} & b_{22} \\ b_{31} & b_{32} \\ b_{41} & b_{42} \end{pmatrix}\begin{pmatrix} a_{11} & a_{12} & a_{13} \\ a_{21} & a_{22} & a_{23} \end{pmatrix} \\ &=\begin{pmatrix} b_{11}a_{11}+b_{12}a_{21} & b_{11}a_{12}+b_{12}a_{22} & b_{11}a_{13}+b_{12}a_{23} \\ b_{21}a_{11}+b_{22}a_{21} & b_{21}a_{12}+b_{22}a_{22} & b_{21}a_{13}+b_{22}a_{23} \\ b_{31}a_{11}+b_{32}a_{21} & b_{31}a_{12}+b_{32}a_{22} & b_{31}a_{13}+b_{32}a_{23} \\ b_{41}a_{11}+b_{42}a_{21} & b_{41}a_{12}+b_{42}a_{22} & b_{41}a_{13}+b_{42}a_{23} \end{pmatrix} \end{aligned}$$

となり，(1.1) からこれは

$$C=\begin{pmatrix} c_{11} & c_{12} & c_{13} \\ c_{21} & c_{22} & c_{23} \\ c_{31} & c_{32} & c_{33} \\ c_{41} & c_{42} & c_{43} \end{pmatrix}$$

に等しいことがわかる．つまり，行列の積は場合の数の求め方を表にしたものにほかならない．

以上より，都市 $\{P_1,P_2,P_3\}$ から $\{R_1,R_2,R_3,R_4\}$ に，$\{Q_1,Q_2\}$ で乗り継いで行く方法を表す行列

$$C=\begin{pmatrix} c_{11} & c_{12} & c_{13} \\ c_{21} & c_{22} & c_{23} \\ c_{31} & c_{32} & c_{33} \\ c_{41} & c_{42} & c_{43} \end{pmatrix}$$

は，$\{P_1,P_2,P_3\}$ から $\{Q_1,Q_2\}$ への運行を表す行列

$$A=\begin{pmatrix} a_{11} & a_{12} & a_{13} \\ a_{21} & a_{22} & a_{23} \end{pmatrix}$$

と，$\{Q_1,Q_2\}$ から $\{R_1,R_2,R_3,R_4\}$ への運行を表す行列

$$B=\begin{pmatrix} b_{11} & b_{12} \\ b_{21} & b_{22} \\ b_{31} & b_{32} \\ b_{41} & b_{42} \end{pmatrix}$$

の積

$$C=BA$$

により求められることがわかった．

もう一つの応用として次の問題を考えよう．

例題 1.2　4つの都市 A_i の間に，図 1.2 に示すように飛行機が運航されているとする．

このとき，A_j から A_i に向けて飛行機に n 回乗って行く方法は何通りあるか．

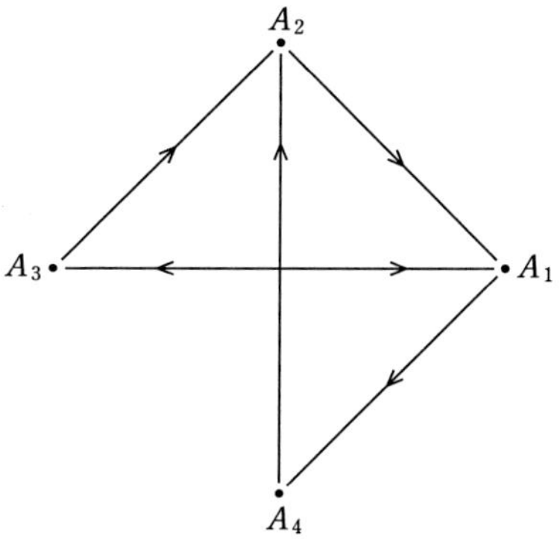

図 **1.2**

ここで図 1.3

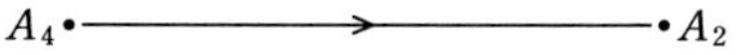

図 **1.3**

のように片方向にのみ矢印が引かれている場合は，矢印の方向に向かってのみ飛行機が運航されているものとし，

図 **1.4**

のように双方向に向かって矢印が引かれている場合は往復路に飛行機が運航されているものとする．また，

図 **1.5**

のように矢印がない場合は，両都市のあいだには飛行機は運航されていないものとする．(i,j) 成分 T_{ij} を，A_j から A_i に向けて飛行機が運航されている場合は

1, それ以外は 0 とおいて行列 T をつくると

$$T=\begin{pmatrix} 0 & 1 & 1 & 0 \\ 0 & 0 & 1 & 1 \\ 1 & 0 & 0 & 0 \\ 1 & 0 & 0 & 0 \end{pmatrix}$$

となる．同様に A_j から A_i に，飛行機を n 回乗って行く方法の総数を $T_{ij}(n)$ としこれを (i,j) 成分においてつくった行列を

$$T(n)=\begin{pmatrix} T_{11}(n) & T_{12}(n) & T_{13}(n) & T_{14}(n) \\ T_{21}(n) & T_{22}(n) & T_{23}(n) & T_{24}(n) \\ T_{31}(n) & T_{32}(n) & T_{33}(n) & T_{34}(n) \\ T_{41}(n) & T_{42}(n) & T_{43}(n) & T_{44}(n) \end{pmatrix}$$

と書く．たとえば $n=1$ の場合は，$T(1)$ は T にほかならない．T を続けて n 回掛け合わせたものを T^n と書くことにするとつぎの定理が成り立つ．

定理 1.1

$$T(n)=T^n.$$

証明　証明は数学的帰納法を用いて行われる．$n=1$ の場合は，先ほども述べたとおり明らかに正しい．$n=k$ の場合は正しいとして，$n=k+1$ の場合に成立することを確かめよう．A_j から A_i に向けて $k+1$ 回飛行機に乗って行く方法は図 1.6 のようになる．

したがって $T_{ij}(k+1)$ は，以前と同様に場合の数を求めて

$$\begin{aligned} T_{ij}(k+1) = &\ T_{i1}(1)T_{1j}(k)+T_{i2}(1)T_{2j}(k) \\ &+T_{i3}(1)T_{3j}(k)+T_{i4}(1)T_{4j}(k) \end{aligned}$$

となる．ここで $T(1)=T$ であったこと，また数学的帰納法の仮定より $T(k)=T^k$ であったことに注意すると，行列の積の定義から

$$T(k+1)=T(1)\cdot T(k)$$

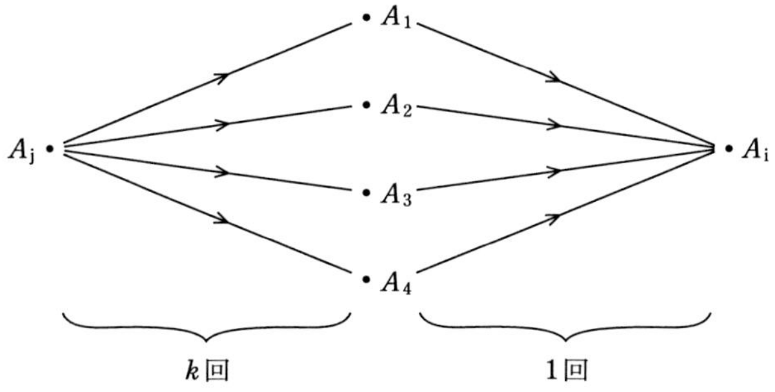

図 1.6

$$=T\cdot T^k=T^{k+1}$$

となり，定理の式は $n=k+1$ の場合にも正しいことがわかった. ■

1.2　行列の演算および基本公式

この節では，行列の基本的な演算と公式についてまとめておく.

２つの (m,n) 型行列

$$X=\begin{pmatrix} x_{11} & \cdots & x_{1n} \\ \vdots & \ddots & \vdots \\ x_{m1} & \cdots & x_{mn} \end{pmatrix}, \quad Y=\begin{pmatrix} y_{11} & \cdots & y_{1n} \\ \vdots & \ddots & \vdots \\ y_{m1} & \cdots & y_{mn} \end{pmatrix}$$

の和 $X+Y$ を

$$X+Y=\begin{pmatrix} x_{11}+y_{11} & \cdots & x_{1n}+y_{1n} \\ \vdots & \ddots & \vdots \\ x_{m1}+y_{m1} & \cdots & x_{mn}+y_{mn} \end{pmatrix}$$

により定義する．また，数 α に対し，X の α 倍 αX を

$$\alpha X = \begin{pmatrix} \alpha x_{11} & \cdots & \alpha x_{1n} \\ \vdots & \ddots & \vdots \\ \alpha x_{m1} & \cdots & \alpha x_{mn} \end{pmatrix}$$

により定める．つまり，$X+Y$ の (i,j) 成分 $(X+Y)_{ij}$ を

$$(X+Y)_{ij} = x_{ij} + y_{ij}$$

により，また αX の (i,j) 成分 $(\alpha X)_{ij}$ を

$$(\alpha X)_{ij} = \alpha x_{ij}$$

によりそれぞれ定義する．

次に，いくつかの特殊な行列について説明しよう．

すべての成分が 0 となる (m,n) 型行列を O とかき **O 行列**と呼ぶことにする：

$$O = \underbrace{\begin{pmatrix} 0 & \cdots & 0 \\ \vdots & \ddots & \vdots \\ 0 & \cdots & 0 \end{pmatrix}}_{n} \left.\vphantom{\begin{pmatrix} 0 \\ \vdots \\ 0 \end{pmatrix}}\right\} m$$

n 次行列で対角成分がすべて 1 で，それ以外の成分はすべて 0 となる行列を **n 次単位行列**といい，I_n で表す：

$$I_n = \begin{pmatrix} 1 & \cdots & 0 \\ \vdots & \ddots & \vdots \\ 0 & \cdots & 1 \end{pmatrix}$$

注意　n 次行列

$$\begin{pmatrix} a_{11} & \cdots & a_{1n} \\ \vdots & \ddots & \vdots \\ a_{n1} & \cdots & a_{nn} \end{pmatrix}$$

の対角成分とは $\boxed{}$ で囲ったところ，つまり

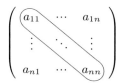

$$\{a_{11},\cdots,a_{nn}\}$$

のことである．

(m,n) 型行列 Y に対し

$$(-1)Y=-Y$$

と表す．また，(m,n) 型行列 X,Y に対し

$$X+(-1)Y=X-Y$$

と表すことにする．

ここで，足し算についての基本的な公式を紹介しよう．

（i） 交換法則

(m,n) 型行列 X と Y に対し，

$$X+Y=Y+X$$

が成り立つ．

（ii） 結合法則

(m,n) 型行列 X,Y,Z に対し

$$(X+Y)+Z=X+(Y+Z)$$

が成り立つ．

（iii） 数 α,β および，(m,n) 型行列 X に対して

(a) $\alpha(\beta X)=(\alpha\beta)X$

(b) $(\alpha+\beta)X=\alpha X+\beta X$

が成り立つ．

（iv） (m,n) 型行列 X に対し

$$0X=O$$

となる．ここで，左辺に現れる 0 は数であり，右辺の O は (m,n) 型の O 行列である．また

$$1X = X$$

が成り立つ．

これらのことから，次のことがわかる．(iii)(b) において，$\alpha=1,\ \beta=0$ とすると，(iv) と併せて

$$X = 1X + 0X = X + O$$

が得られる．さらに (i) から

$$X = X + O = O + X$$

が従う．

さて，上の公式の証明であるが，ここでは (ii) を (3,2) 型行列で確認してみる．

$$X = \begin{pmatrix} x_{11} & x_{12} \\ x_{21} & x_{22} \\ x_{31} & x_{32} \end{pmatrix}, \quad Y = \begin{pmatrix} y_{11} & y_{12} \\ y_{21} & y_{22} \\ y_{31} & y_{32} \end{pmatrix}, \quad Z = \begin{pmatrix} z_{11} & z_{12} \\ z_{21} & z_{22} \\ z_{31} & z_{32} \end{pmatrix}$$

とおくと，

$$X + Y = \begin{pmatrix} x_{11}+y_{11} & x_{12}+y_{12} \\ x_{21}+y_{21} & x_{22}+y_{22} \\ x_{31}+y_{31} & x_{32}+y_{32} \end{pmatrix},$$

に Z を加えて

$$(X+Y)+Z = \begin{pmatrix} (x_{11}+y_{11})+z_{11} & (x_{12}+y_{12})+z_{12} \\ (x_{21}+y_{21})+z_{21} & (x_{22}+y_{22})+z_{22} \\ (x_{31}+y_{31})+z_{31} & (x_{32}+y_{32})+z_{32} \end{pmatrix}$$

が得られる．

同様にして，(ii) の右辺を計算すると

$$X+(Y+Z) = \begin{pmatrix} x_{11}+(y_{11}+z_{11}) & x_{12}+(y_{12}+z_{12}) \\ x_{21}+(y_{21}+z_{21}) & x_{22}+(y_{22}+z_{22}) \\ x_{31}+(y_{31}+z_{31}) & x_{32}+(y_{32}+z_{32}) \end{pmatrix}$$

が得られる．ここで，(ii) の両辺の (i,j) 成分を比較すると

$$\begin{aligned}\text{左辺の }(i,j)\text{ 成分} &= (x_{ij}+y_{ij})+z_{ij}\\ &= x_{ij}+(y_{ij}+z_{ij})\\ &= \text{右辺の }(i,j)\text{ 成分}\end{aligned}$$

となり

$$(X+Y)+Z=X+(Y+Z)$$

が確認された．

公式はもちろん一般の (m,n) 型行列で証明できるが，まず行列の形を具体的に決めて（たとえば，上のように (3,2) 型と指定して）確認することを強く勧める．

次に，積について考察しよう．

（1） 結合法則

A を (k,l) 型，B を (l,m) 型，C を (m,n) 型行列とすると，

$$(AB)C=A(BC)$$

が成り立つ．

（2） 分配法則

A と A' を (k,l) 型行列，B を (l,m) 型行列とすると，

$$(A+A')B=AB+A'B$$

が成り立つ．

（3） 分配法則

A を (k,l) 型行列，B と B' を (l,m) 型行列とすると，

$$A(B+B')=AB+AB'$$

が成り立つ．

（4） A を (k,l) 型行列，B を (l,m) 型行列とする．このとき，数 α に対して，

$$(\alpha A)B=A(\alpha B)=\alpha(AB)$$

が成り立つ．

（5） A を (k,l) 型行列とすると，

$$I_k A = A I_l = A$$

が成り立つ．

特に公式 (4) において $\alpha=0$ とすると，

$$OB = AO = O$$

となることがわかる．

これらの公式の証明であるが，先ほども述べたように，最初は具体的に行列の形を指定して確認することが望ましい．

ここでは (1) を多少一般的な形で確認してみよう．

$k=n=1$（ただし，l,m は一般）とする．このとき，A は l 次元横ベクトル

$$A = (a_1, \cdots, a_l)$$

C は m 次元縦ベクトル

$$C = \begin{pmatrix} c_1 \\ \vdots \\ c_m \end{pmatrix}$$

となる．B を

$$B = \begin{pmatrix} b_{11} & \cdots & b_{1m} \\ \vdots & \ddots & \vdots \\ b_{l1} & \cdots & b_{lm} \end{pmatrix}$$

と表すことにする．まず AB を計算すると

$$AB = \left(\sum_{i=1}^{l} a_i b_{i1}, \cdots, \sum_{i=1}^{l} a_i b_{im} \right)$$

となり，(1) の左辺は

$$(AB)C = \left(\sum_{i=1}^{l} a_i b_{i1} \right) c_1 + \cdots + \left(\sum_{i=1}^{l} a_i b_{im} \right) c_m$$

$$=\sum_{j=1}^{m}\sum_{i=1}^{l}a_ib_{ij}c_j$$

と計算される．次に右辺を計算しよう．

$$BC=\begin{pmatrix}\displaystyle\sum_{j=1}^{m}b_{1j}c_j\\ \vdots\\ \displaystyle\sum_{j=1}^{m}b_{lj}c_j\end{pmatrix}$$

となるから

$$\begin{aligned}A(BC)&=a_1\left(\sum_{j=1}^{m}b_{1j}c_j\right)+\cdots+a_l\left(\sum_{j=1}^{m}b_{lj}c_j\right)\\&=\sum_{i=1}^{l}\sum_{j=1}^{m}a_ib_{ij}c_j\end{aligned}$$

となり，足し算の順番を入れかえると

$$\sum_{j=1}^{m}\sum_{i=1}^{l}a_ib_{ij}c_j=\sum_{i=1}^{l}\sum_{j=1}^{m}a_ib_{ij}c_j$$

が成り立つから

$$(AB)C=A(BC)$$

が示された．

以上の公式を眺めると，行列の和と積は普通の数とほぼ同じ公式を満たすことがわかるが，一つだけ決定的に異なるのは**交換法則は成立しない**ということである．

つまり，一般に AB と BA は**等しくない**．たとえば，A を (1,3) 型，B を (3,2) 型行列とすると BA は定義することさえできない！

1.3　行列の表示

この節では，以下でもしばしば用いられる便利な行列の表示について解説する．
(m,n) 型行列

$$A=\begin{pmatrix} a_{11} & \cdots & a_{1n} \\ \vdots & \ddots & \vdots \\ a_{m1} & \cdots & a_{mn} \end{pmatrix}$$

を横に切って

$$A=\begin{pmatrix} \boldsymbol{a}_1 \\ \vdots \\ \boldsymbol{a}_m \end{pmatrix}, \qquad \boldsymbol{a}_i=(a_{i1},\cdots,a_{in})$$

と表示したものを A の**行ベクトル表示**ということにし，また $\boldsymbol{a}_i$ を A の**第 i 行ベクトル**と名付ける．

また，A を縦に切って

$$A=(\boldsymbol{a}^1,\cdots,\boldsymbol{a}^n), \qquad \boldsymbol{a}^j=\begin{pmatrix} a_{1j} \\ \vdots \\ a_{mj} \end{pmatrix}$$

と表示したものを A の**列ベクトル表示**ということにし，また $\boldsymbol{a}^j$ を A の**第 j 列ベクトル**と呼ぶことにする．

行ベクトルと列ベクトルを区別するために，行ベクトルを下付きの添字で，列ベクトルを上付きの添字で表すことにする．

これらの表記を用いて，行列の和と積を表してみよう．

1．和について

A と B をそれぞれ (m,n) 型行列とする．まず，A,B の行ベクトル表示を用いて

$$A=\begin{pmatrix} \boldsymbol{a}_1 \\ \vdots \\ \boldsymbol{a}_m \end{pmatrix}, \qquad B=\begin{pmatrix} \boldsymbol{b}_1 \\ \vdots \\ \boldsymbol{b}_m \end{pmatrix}$$

と表すと

$$A+B=\begin{pmatrix} \boldsymbol{a}_1+\boldsymbol{b}_1 \\ \vdots \\ \boldsymbol{a}_m+\boldsymbol{b}_m \end{pmatrix}$$

となることは容易に確認される．また，列ベクトル表示

$$A=(\boldsymbol{a}^1,\cdots,\boldsymbol{a}^n), \qquad B=(\boldsymbol{b}^1,\cdots,\boldsymbol{b}^n)$$

を用いれば

$$A+B=(\boldsymbol{a}^1+\boldsymbol{b}^1,\cdots,\boldsymbol{a}^n+\boldsymbol{b}^n)$$

と表すこともできる．

これらの表示は，状況により使い分けると便利である．

2．積について

m 次元横ベクトル

$$\boldsymbol{a}=(a_1,\cdots,a_m)$$

と m 次元縦ベクトル

$$\boldsymbol{b}=\begin{pmatrix} b_1 \\ \vdots \\ b_m \end{pmatrix}$$

の積 $\boldsymbol{ab}$ は

$$\boldsymbol{ab}=a_1b_1+\cdots+a_mb_m=\sum_{j=1}^{m} a_jb_j \tag{1.3}$$

により与えられた．この事実を用いて，(l,m) 型行列

$$A=\begin{pmatrix} a_{11} & \cdots & a_{1m} \\ \vdots & \ddots & \vdots \\ a_{l1} & \cdots & a_{lm} \end{pmatrix}$$

と (m,n) 型行列

$$B=\begin{pmatrix} b_{11} & \cdots & b_{1n} \\ \vdots & \ddots & \vdots \\ b_{m1} & \cdots & b_{mn} \end{pmatrix}$$

の積の便利な表示を説明しよう．まず，A,B をそれぞれ行ベクトル表示，列ベクトル表示する：

$$A=\begin{pmatrix} \boldsymbol{a}_1 \\ \vdots \\ \boldsymbol{a}_l \end{pmatrix}, \quad \boldsymbol{a}_i=(a_{i1},\cdots,a_{im})$$

$$B=(\boldsymbol{b}^1,\cdots,\boldsymbol{b}^n), \quad \boldsymbol{b}^k=\begin{pmatrix} b_{1k} \\ \vdots \\ b_{mk} \end{pmatrix}$$

AB の (i,k) 成分 $(AB)_{ik}$ は定義から

$$(AB)_{ik}=\sum_{j=1}^{m} a_{ij}b_{jk}$$

となるが，(1.3) よりこれは $\boldsymbol{a}_i\boldsymbol{b}^k$ に等しい．したがって

$$AB=\begin{pmatrix} \boldsymbol{a}_1\boldsymbol{b}^1 & \cdots & \boldsymbol{a}_1\boldsymbol{b}^n \\ \vdots & \ddots & \vdots \\ \boldsymbol{a}_l\boldsymbol{b}^1 & \cdots & \boldsymbol{a}_l\boldsymbol{b}^n \end{pmatrix} \tag{1.4}$$

と表示されることがわかる．

[例 **1.1**]　m 次単位行列 I_m は

$$I_m=\begin{pmatrix} 1 & \cdots & 0 \\ \vdots & \ddots & \vdots \\ 0 & \cdots & 1 \end{pmatrix}=\begin{pmatrix} {}^t\boldsymbol{e}_1 \\ \vdots \\ {}^t\boldsymbol{e}_m \end{pmatrix}=(\boldsymbol{e}_1,\cdots,\boldsymbol{e}_m)$$

と行ベクトル表示される．ここで，${}^t\boldsymbol{e}_i$ と $\boldsymbol{e}_i$ は，それぞれ

$$
{}^t\boldsymbol{e}_i=(0,\cdots,\underset{\substack{\vee\\ i}}{1},\cdots,0), \qquad \boldsymbol{e}_i=\begin{pmatrix} 0 \\ \vdots \\ 1 \\ \vdots \\ 0 \end{pmatrix} < i
$$

と左あるいは上から i 番目に 1 をおき，それ以外の成分は 0 とおいて得られる m 次元横ベクトルあるいは縦ベクトルである．ここで ^{t} は "転置" を表し，1.4 節で詳しく説明する予定である．

${}^t\boldsymbol{e}_i$ と m 次元縦ベクトル

$$
\boldsymbol{b}=\begin{pmatrix} b_1 \\ \vdots \\ b_m \end{pmatrix}
$$

との積を計算すると，

$$
\begin{aligned}
{}^t\boldsymbol{e}_i\boldsymbol{b}&=0b_1+\cdots+1b_i+\cdots+0b_m \\
&=b_i
\end{aligned} \tag{1.5}
$$

となることがわかる．

さて，(m,n) 型行列

$$
B=\begin{pmatrix} b_{11} & \cdots & b_{1n} \\ \vdots & \ddots & \vdots \\ b_{m1} & \cdots & b_{mn} \end{pmatrix}
$$

を

$$
B=(\boldsymbol{b}^1,\cdots,\boldsymbol{b}^n), \qquad \boldsymbol{b}^j=\begin{pmatrix} b_{1j} \\ \vdots \\ b_{mj} \end{pmatrix}
$$

と列ベクトル表示すると，(1.4) から

$$I_mB=\begin{pmatrix} {}^t\boldsymbol{e}_1\boldsymbol{b}^1 & \cdots & {}^t\boldsymbol{e}_1\boldsymbol{b}^n \\ \vdots & \ddots & \vdots \\ {}^t\boldsymbol{e}_m\boldsymbol{b}^1 & \cdots & {}^t\boldsymbol{e}_m\boldsymbol{b}^n \end{pmatrix}$$

となるが，(1.5) から

$${}^t\boldsymbol{e}_i\boldsymbol{b}^j=b_{ij}$$

が従うから

$$I_mB=\begin{pmatrix} b_{11} & \cdots & b_{1n} \\ \vdots & \ddots & \vdots \\ b_{m1} & \cdots & b_{mn} \end{pmatrix}=B$$

が得られる．

また，n 次単位行列 I_n は，

$$I_n=\begin{pmatrix} 1 & \cdots & 0 \\ \vdots & \ddots & \vdots \\ 0 & \cdots & 1 \end{pmatrix}=(\boldsymbol{e}_1,\cdots,\boldsymbol{e}_n), \qquad \boldsymbol{e}_i=\begin{pmatrix} 0 \\ \vdots \\ 1 \\ \vdots \\ 0 \end{pmatrix}<i$$

と列ベクトル表示されるので，B を

$$B=\begin{pmatrix} \boldsymbol{b}_1 \\ \vdots \\ \boldsymbol{b}_m \end{pmatrix}, \qquad \boldsymbol{b}_i=(b_{i1},\cdots,b_{in})$$

と行ベクトル表示して，BI_n を計算すると，(1.4) を用いて同様の計算より

$$BI_n=B$$

となることがわかる．

このように行列の行ベクトル表示，あるいは列ベクトル表示を用いると (1.4) から有用な公式が得られる．いくつか例を挙げよう．

(i) (1.4) において，特に B が $(m,1)$ 型行列，つまり m 次元縦ベクトル $\boldsymbol{b}$ のときは，

$$Ab=\begin{pmatrix} \boldsymbol{a}_1\boldsymbol{b} \\ \vdots \\ \boldsymbol{a}_l\boldsymbol{b} \end{pmatrix}$$

となる．このことに注意すると，(1.4) から一般の (m,n) 型行列

$$B=(\boldsymbol{b}^1,\cdots,\boldsymbol{b}^n)$$

に対して

$$AB=(A\boldsymbol{b}^1,\cdots,A\boldsymbol{b}^n) \tag{1.6}$$

が成り立つことがわかる．

(ii) (1.4) において，A が $(1,m)$ 型，つまり m 次元横ベクトル $\boldsymbol{a}$ のときは

$$\boldsymbol{a}B=(\boldsymbol{a}\boldsymbol{b}^1,\cdots,\boldsymbol{a}\boldsymbol{b}^n)$$

となる．よって，一般の (l,m) 型行列

$$A=\begin{pmatrix} \boldsymbol{a}_1 \\ \vdots \\ \boldsymbol{a}_l \end{pmatrix}$$

については，(1.4) より

$$AB=\begin{pmatrix} \boldsymbol{a}_1B \\ \vdots \\ \boldsymbol{a}_lB \end{pmatrix} \tag{1.7}$$

が成り立つことがわかる．

(iii) 行ベクトル表示，列ベクトル表示を用いて行列の積の結合法則を証明してみよう．

(l,m) 型行列 A を

$$A=\begin{pmatrix} \boldsymbol{a}_1 \\ \vdots \\ \boldsymbol{a}_l \end{pmatrix}$$

と行ベクトル表示し，(k,n) 型行列 C を

$$C=(\boldsymbol{c}^1,\cdots,\boldsymbol{c}^n)$$

と列ベクトル表示する．また，B を (m,k) 型行列とする．

すると，(1.7) より，AB は

$$AB=\begin{pmatrix} \boldsymbol{a}_1 B \\ \vdots \\ \boldsymbol{a}_l B \end{pmatrix}$$

と行ベクトル表示される．ここで (1.4) を用いると

$$(AB)C=\begin{pmatrix} (\boldsymbol{a}_1 B)\boldsymbol{c}^1 & \cdots & (\boldsymbol{a}_1 B)\boldsymbol{c}^n \\ \vdots & \ddots & \vdots \\ (\boldsymbol{a}_l B)\boldsymbol{c}^1 & \cdots & (\boldsymbol{a}_l B)\boldsymbol{c}^n \end{pmatrix}$$

となることがわかる．次に $A(BC)$ を計算しよう．

(1.6) より BC は

$$BC=(B\boldsymbol{c}^1,\cdots,B\boldsymbol{c}^n)$$

と列ベクトル表示され，再び (1.4) から

$$A(BC)=\begin{pmatrix} \boldsymbol{a}_1(B\boldsymbol{c}^1) & \cdots & \boldsymbol{a}_1(B\boldsymbol{c}^n) \\ \vdots & \ddots & \vdots \\ \boldsymbol{a}_l(B\boldsymbol{c}^1) & \cdots & \boldsymbol{a}_l(B\boldsymbol{c}^n) \end{pmatrix}$$

が得られる．ここで，前節で確認したように，l 次元横ベクトル $\boldsymbol{a}$ および m 次元縦ベクトル $\boldsymbol{c}$ に対しては

$$(\boldsymbol{a}B)\boldsymbol{c}=\boldsymbol{a}(B\boldsymbol{c})$$

が成立するから，

$$(\boldsymbol{a}_iB)\boldsymbol{c}^k=\boldsymbol{a}_i(B\boldsymbol{c}^k)$$

が成り立ち，成分どうしを比較して等式

$$(AB)C=A(BC)$$

が確認される．

補題 1.1　A を (l,m) 型行列，B,B' をそれぞれ (m,n) 型，(m,n') 型行列とし，B と B' を隣り合わせに並べて新たに $(m,n+n')$ 型行列 B'' をつくる：

$$B''=(B,B')$$

このとき

$$AB''=(AB,AB')$$

が成り立つ．

証明　B と B' をそれぞれ

$$B=(\boldsymbol{b}^1,\cdots,\boldsymbol{b}^n),\qquad B'=(\boldsymbol{b'}^1,\cdots,\boldsymbol{b'}^{n'})$$

と列ベクトル表示する．このとき B'' は

$$B''=(\boldsymbol{b}^1,\cdots,\boldsymbol{b}^n\mid\boldsymbol{b'}^1,\cdots,\boldsymbol{b'}^{n'})$$

と列ベクトル表示される（ここで“｜”は見やすくするために便宜上入れた）．

(1.6) を用いると，

$$AB''=(A\boldsymbol{b}^1,\cdots,A\boldsymbol{b}^n|A\boldsymbol{b'}^1,\cdots,A\boldsymbol{b'}^{n'})$$

となるが，再び (1.6) より“|”の左側は AB に等しく“|”の右側は AB' に他ならないから，

$$AB''=(AB,AB')$$

が成り立つ．■

次の補題も (1.7) を用いて同様に証明される．

補題 1.2　A を (l,m) 型行列，A' を (l',m) 型行列とし，これらを上下に並べて $(l+l',m)$ 型行列 A'' をつくる：

$$A''=\begin{pmatrix} A \\ A' \end{pmatrix}$$

このとき，(m,n) 型行列 B に対し，

$$A''B=\begin{pmatrix} AB \\ A'B \end{pmatrix}$$

が成り立つ．

補題 1.2 の一般の場合の証明は読者に委ねる．ここではヒントとして，次の例を挙げるに止める．

[例 **1.2**]

$$A=\begin{pmatrix} a_{11} & a_{12} \\ a_{21} & a_{22} \end{pmatrix}, \qquad A'=(a'_1,a'_2)$$

とすると，

$$A''=\begin{pmatrix} a_{11} & a_{12} \\ a_{21} & a_{22} \\ a'_1 & a'_2 \end{pmatrix}$$

ここで，

$$B=\begin{pmatrix} b_1 \\ b_2 \end{pmatrix}$$

とすると，

$$A''B = \begin{pmatrix} a_{11}b_1 + a_{12}b_2 \\ a_{21}b_1 + a_{22}b_2 \\ a'_1 b_1 + a'_2 b_2 \end{pmatrix} = \begin{pmatrix} AB \\ A'B \end{pmatrix}$$

となる.

1.4　転置行列

例題 1.2 におけるグラフの矢印を逆にしたグラフを考える.

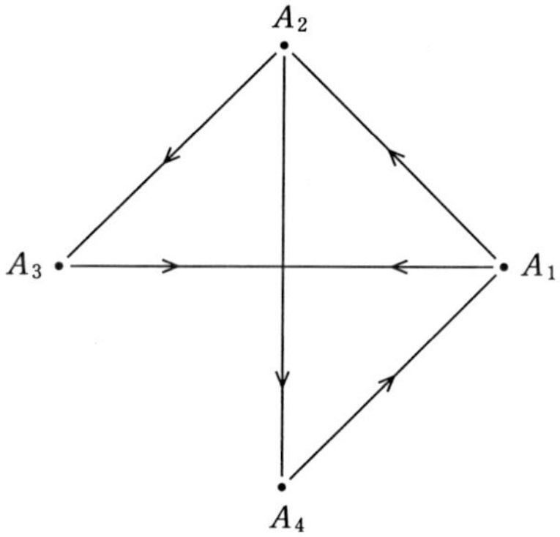

図 **1.7**

このグラフから行列をつくると,

$$T' = \begin{pmatrix} 0 & 0 & 1 & 1 \\ 1 & 0 & 0 & 0 \\ 1 & 1 & 0 & 0 \\ 0 & 1 & 0 & 0 \end{pmatrix}$$

となる. これは, もとのグラフから得られる行列

$$T = \begin{pmatrix} 0 & 1 & 1 & 0 \\ 0 & 0 & 1 & 1 \\ 1 & 0 & 0 & 0 \\ 1 & 0 & 0 & 0 \end{pmatrix}$$

を対角線で折り返して得られる：

$$T=\begin{pmatrix} 0 & 1 & 1 & 0 \\ 0 & 0 & 1 & 1 \\ 1 & 0 & 0 & 0 \\ 1 & 0 & 0 & 0 \end{pmatrix} \xrightarrow{\text{折り返し}} T'=\begin{pmatrix} 0 & 0 & 1 & 1 \\ 1 & 0 & 0 & 0 \\ 1 & 1 & 0 & 0 \\ 0 & 1 & 0 & 0 \end{pmatrix}$$

一般に，(m,n) 型行列 A を対角線で折り返して得られる (n,m) 型行列を A の**転置行列**といい，${}^tA$ と表す．正確な定義は，次の通りである．

定義 1.1　(m,n) 型行列

$$A=\begin{pmatrix} a_{11} & \cdots & a_{1n} \\ \vdots & \ddots & \vdots \\ a_{m1} & \cdots & a_{mn} \end{pmatrix}$$

の**転置行列** ${}^tA$ を，(n,m) 型行列でその (i,j) 成分 $({}^tA)_{ij}$ が

$$({}^tA)_{ij}=a_{ji}$$

により与えられるものとして定義する．

[例 **1.3**]

(i)　$A=(a_1,\cdots,a_n) \longrightarrow {}^tA=\begin{pmatrix} a_1 \\ \vdots \\ a_n \end{pmatrix}$

(ii)　$B=\begin{pmatrix} b_1 \\ \vdots \\ b_m \end{pmatrix} \longrightarrow {}^tB=(b_1,\cdots,b_m)$

(iii)　$X=\begin{pmatrix} x_{11} & x_{12} \\ x_{21} & x_{22} \\ x_{31} & x_{32} \end{pmatrix} \longrightarrow {}^tX=\begin{pmatrix} x_{11} & x_{21} & x_{31} \\ x_{12} & x_{22} & x_{32} \end{pmatrix}$

一般に，(m,n) 型行列

$$A=\begin{pmatrix} a_{11} & \cdots & a_{1n} \\ \vdots & \ddots & \vdots \\ a_{m1} & \cdots & a_{mn} \end{pmatrix}$$

を

$$A=(\boldsymbol{a}^1,\cdots,\boldsymbol{a}^n), \qquad \boldsymbol{a}^j=\begin{pmatrix} a_{1j} \\ \vdots \\ a_{mj} \end{pmatrix}$$

と列ベクトル表示しよう．

このとき，A の転置行列 ${}^tA$ は

$${}^tA=\begin{pmatrix} {}^t(\boldsymbol{a}^1) \\ \vdots \\ {}^t(\boldsymbol{a}^n) \end{pmatrix}$$

と行ベクトル表示されることがわかる．また，A を

$$A=\begin{pmatrix} \boldsymbol{a}_1 \\ \vdots \\ \boldsymbol{a}_m \end{pmatrix}, \qquad \boldsymbol{a}_i=(a_{i1},\cdots,a_{in})$$

と行ベクトル表示すると，

$${}^tA=({}^t\boldsymbol{a}_1,\cdots,{}^t\boldsymbol{a}_m)$$

と列ベクトル表示されることもわかる．

さて，A を $(1,m)$ 型行列，B を $(m,1)$ 型行列としよう：

$$A=(a_1,\cdots,a_m), \quad B=\begin{pmatrix} b_1 \\ \vdots \\ b_m \end{pmatrix}$$

このとき

$$AB = a_1 b_1 + \cdots + a_m b_m = \sum_{i=1}^{m} a_i b_i$$

となるが，一方，

$${}^tB\,{}^tA = (b_1, \cdots, b_m) \begin{pmatrix} a_1 \\ \vdots \\ a_m \end{pmatrix} = \sum_{i=1}^{m} b_i a_i$$

となり，これは AB に等しい．

じつは，一般に次の定理が成り立つ．

定理 1.2

(i) (l,m) 型行列 A に対し

$${}^t({}^tA) = A$$

となる．

(ii) A, A' を (l,m) 型行列とすると

$${}^t(A + A') = {}^tA + {}^t(A')$$

が成り立つ．

(iii) A を (l,m) 型行列，B を (m,n) 型行列とすると

$${}^t(AB) = {}^tB\,{}^tA$$

が成り立つ．

(i),(ii) はすぐに確かめられるので (iii) のみを示す．

(iii) の証明　$l = n = 1$ の場合は上で確認した．

一般の場合は，A と B をそれぞれ

$$A=\begin{pmatrix} \boldsymbol{a}_1 \\ \vdots \\ \boldsymbol{a}_l \end{pmatrix}, \quad B=(\boldsymbol{b}^1,\cdots,\boldsymbol{b}^n)$$

と行ベクトル，列ベクトル表示をしておく．

1.3 節の式 (1.4) より

$$AB=\begin{pmatrix} \boldsymbol{a}_1\boldsymbol{b}^1 & \cdots & \boldsymbol{a}_1\boldsymbol{b}^n \\ \vdots & \ddots & \vdots \\ \boldsymbol{a}_l\boldsymbol{b}^1 & \cdots & \boldsymbol{a}_l\boldsymbol{b}^n \end{pmatrix}$$

となり，${}^t(AB)$ の (i,j) 成分 ${}^t(AB)_{ij}$ は，定義より $(AB)_{ji}$ なので

$${}^t(AB)_{ij}=(AB)_{ji}=\boldsymbol{a}_j\boldsymbol{b}^i$$

となる．一方，

$${}^tB=\begin{pmatrix} {}^t(\boldsymbol{b}^1) \\ \vdots \\ {}^t(\boldsymbol{b}^n) \end{pmatrix}, \quad {}^tA=({}^t\boldsymbol{a}_1,\cdots,{}^t\boldsymbol{a}_l)$$

より再び (1.4) を用いて

$${}^tB\,{}^tA=\begin{pmatrix} {}^t(\boldsymbol{b}^1)\,{}^t\boldsymbol{a}_1 & \cdots & {}^t(\boldsymbol{b}^n)\,{}^t\boldsymbol{a}_l \\ \vdots & \ddots & \vdots \\ {}^t(\boldsymbol{b}^n)\,{}^t\boldsymbol{a}_1 & \cdots & {}^t(\boldsymbol{b}^n)\,{}^t\boldsymbol{a}_l \end{pmatrix}$$

が得られる．

したがって，${}^tB\,{}^tA$ の (i,j) 成分は

$$({}^tB\,{}^tA)_{ij}={}^t(\boldsymbol{b}^i)\,{}^t\boldsymbol{a}_j$$

となり，$l=n=1$ の場合の計算から，これは

$$\boldsymbol{a}_j\boldsymbol{b}^i={}^t(AB)_{ij}$$

に等しい．

以上より

$$ {}^t\!B\,{}^t\!A = {}^t(AB) $$

が証明された. ■

演 習 問 題

1. m 次元横ベクトル $\boldsymbol{a}$ と m 次元縦ベクトル $\boldsymbol{b}$ をそれぞれ

$$ \boldsymbol{a} = (\underbrace{\boldsymbol{a}_1}_{m_1}, \underbrace{\boldsymbol{a}_2}_{m_2}), \qquad \boldsymbol{b} = \begin{pmatrix} \boldsymbol{b}_1 \\ \boldsymbol{b}_2 \end{pmatrix} \begin{matrix} \}\, m_1 \\ \}\, m_2 \end{matrix} $$

と表すとき,

$$ \boldsymbol{a} \cdot \boldsymbol{b} = \boldsymbol{a}_1 \cdot \boldsymbol{b}_1 + \boldsymbol{a}_2 \cdot \boldsymbol{b}_2 $$

となることを示せ.

2. (l,m) 型行列 A と (m,n) 型行列 B をそれぞれ

$$ A = (\underbrace{A_1}_{m_1}, \underbrace{A_2}_{m_2})\,\}\, l, \qquad B = \underbrace{\begin{pmatrix} B_1 \\ B_2 \end{pmatrix}}_{n} \begin{matrix} \}\, m_1 \\ \}\, m_2 \end{matrix} $$

と表すとき,

$$ AB = A_1B_1 + A_2B_2 $$

となることを示せ.

3. (l,m) 型行列 A と (m,n) 型行列 B をそれぞれ

$$ A = (\underbrace{A_1}_{m_1}, \underbrace{A_2}_{m_2})\,\}\, l, \qquad B = \begin{pmatrix} \underbrace{B_{11}}_{} & \underbrace{B_{12}}_{} \\ \underbrace{B_{21}}_{n_1} & \underbrace{B_{22}}_{n_2} \end{pmatrix} \begin{matrix} \}\, m_1 \\ \}\, m_2 \end{matrix} $$

と表すとき

$$AB = (\underbrace{A_1B_{11}+A_2B_{21},}_{n_1}\ \underbrace{A_1B_{12}+A_2B_{22})}_{n_2}\ \}l$$

となることを示せ.

4. (l,m) 型行列 A と (m,n) 型行列 B をそれぞれ

$$A = \begin{pmatrix} A_{11} & A_{12} \\ A_{21} & A_{22} \end{pmatrix} \begin{matrix} \}\ l_1 \\ \}\ l_2 \end{matrix},\quad \text{(列幅 } m_1, m_2\text{)} \qquad B = \begin{pmatrix} B_{11} & B_{12} \\ B_{21} & B_{22} \end{pmatrix} \begin{matrix} \}\ m_1 \\ \}\ m_2 \end{matrix} \quad \text{(列幅 } n_1, n_2\text{)}$$

と分割する．このとき

$$AB = \begin{pmatrix} A_{11}B_{11}+A_{12}B_{21} & A_{11}B_{12}+A_{12}B_{22} \\ A_{21}B_{11}+A_{22}B_{21} & A_{21}B_{12}+A_{22}B_{22} \end{pmatrix} \begin{matrix} \}l_1 \\ \}l_2 \end{matrix} \quad \text{(列幅 } n_1, n_2\text{)}$$

となることを示せ.

5.

$$A = \begin{pmatrix} 1 & 2 & 0 & 0 \\ 2 & 1 & 0 & 0 \\ 0 & 0 & -1 & 1 \\ 0 & 0 & 1 & -1 \end{pmatrix}, \quad B = \begin{pmatrix} 1 & -1 & 2 & 1 \\ -1 & 1 & 1 & 2 \\ 0 & 0 & 1 & 1 \\ 0 & 0 & 1 & 1 \end{pmatrix}$$

としたとき AB を求めよ.

第 2 章

連立1次方程式とその解法

2.1 連立1次方程式の種類

あるレンタカー会社は5つの営業所 $\mathrm{A}_1,\cdots,\mathrm{A}_5$ を持ち，また会社の営業時間は午前9時から午後5時までである．調査により，客が A_j から車を借りて A_i に返す確率は P_{ij} であることがわかった．効率良く会社を運営するには，各営業所にどのような割合で車を配置すれば良いであろうか．

ある日の朝に各営業所 A_j に x_j 台の車を配置しておいたとすると，その日の午後5時に営業所 A_i に戻る車の台数の期待値 y_i は，

$$y_i = P_{i1}x_1 + \cdots + P_{i5}x_5$$

により求まる．この事実を連立1次方程式の形に表すと

$$\begin{cases} P_{11}x_1 + P_{12}x_2 + P_{13}x_3 + P_{14}x_4 + P_{15}x_5 = y_1 \\ P_{21}x_1 + P_{22}x_2 + P_{23}x_3 + P_{24}x_4 + P_{25}x_5 = y_2 \\ P_{31}x_1 + P_{32}x_2 + P_{33}x_3 + P_{34}x_4 + P_{35}x_5 = y_3 \\ P_{41}x_1 + P_{42}x_2 + P_{43}x_3 + P_{44}x_4 + P_{45}x_5 = y_4 \\ P_{51}x_1 + P_{52}x_2 + P_{53}x_3 + P_{54}x_4 + P_{55}x_5 = y_5 \end{cases} \tag{2.1}$$

となる．

効率良く会社を運営するためには，すべての営業所 A_i において

$$x_i = y_i$$

が成り立てば良い．実際，この条件が満たされれば車の余った営業所から車の足りない営業所に向けて配車をする必要がなく，効率よく会社を運営できる．

以上の考察から，効率良く会社を運営するには，方程式

$$\begin{cases} P_{11}x_1 + P_{12}x_2 + P_{13}x_3 + P_{14}x_4 + P_{15}x_5 = x_1 \\ P_{21}x_1 + P_{22}x_2 + P_{23}x_3 + P_{24}x_4 + P_{25}x_5 = x_2 \\ P_{31}x_1 + P_{32}x_2 + P_{33}x_3 + P_{34}x_4 + P_{35}x_5 = x_3 \\ P_{41}x_1 + P_{42}x_2 + P_{43}x_3 + P_{44}x_4 + P_{45}x_5 = x_4 \\ P_{51}x_1 + P_{52}x_2 + P_{53}x_3 + P_{54}x_4 + P_{55}x_5 = x_5 \end{cases}$$

を解いて，その解にしたがって車を配置すれば良いことがわかった．

この方程式は，右辺を左辺に移項して，

$$\begin{cases} (P_{11}-1)x_1 + P_{12}x_2 + P_{13}x_3 + P_{14}x_4 + P_{15}x_5 = 0 \\ P_{21}x_1 + (P_{22}-1)x_2 + P_{23}x_3 + P_{24}x_4 + P_{25}x_5 = 0 \\ P_{31}x_1 + P_{32}x_2 + (P_{33}-1)x_3 + P_{34}x_4 + P_{35}x_5 = 0 \\ P_{41}x_1 + P_{42}x_2 + P_{43}x_3 + (P_{44}-1)x_4 + P_{45}x_5 = 0 \\ P_{51}x_1 + P_{52}x_2 + P_{53}x_3 + P_{54}x_4 + (P_{55}-1)x_5 = 0 \end{cases} \quad (2.2)$$

と変形することができる．このような

$$F(x) = 0$$

の形の連立1次方程式を**斉次連立1次方程式**という．斉次連立1次方程式は $x = 0$ という解をつねに持つ．実際，方程式 (2.2) において，

$$x_1 = x_2 = x_3 = x_4 = x_5 = 0$$

は解になっている．しかし，この解は私たちに必要な情報を何も与えてくれない．必要な解は，各 x_i が正となる解である．この問題は後に固有値，固有ベクトルの章（第6章）でも取り扱う．

この章では一般にガウスにより考案された，連立1次方程式：

$$
\begin{cases}
a_{11}x_1 + \cdots + a_{1n}x_n = b_1 \\
\quad \vdots \qquad\qquad \vdots \qquad \vdots \\
a_{m1}x_1 + \cdots + a_{mn}x_n = b_m
\end{cases}
$$

の解法について解説する.

2.2 ガウスによる消去法

この節では, 連立1次方程式の解法について解説する. 次の連立1次方程式を解いてみよう.

$$
\begin{cases}
2x + 4y - 3z = 1 \\
x + y + 2z = 9 \\
3x + 6y - 5z = 0
\end{cases}
\tag{2.3}
$$

① まず第1方程式と第2方程式を入れ替える：

$$
\begin{cases}
x + y + 2z = 9 \\
2x + 4y - 3z = 1 \\
3x + 6y - 5z = 0
\end{cases}
$$

② 第1方程式を (−2) 倍して第2方程式に加える：

$$
\begin{cases}
x + y + 2z = 9 \\
2y - 7z = -17 \\
3x + 6y - 5z = 0
\end{cases}
$$

③ 第1方程式を (−3) 倍して第3方程式に加える：

$$
\begin{cases}
x + y + 2z = 9 \\
2y - 7z = -17 \\
3y - 11z = -27
\end{cases}
$$

④ 第2方程式を $\dfrac{1}{2}$ 倍する：

$$\begin{cases} x+y+2z=9 \\ y-\dfrac{7}{2}z=\dfrac{-17}{2} \\ 3y-11z=-27 \end{cases}$$

⑤　第２方程式を (−3) 倍して第３方程式に加える：

$$\begin{cases} x+y+2z=9 \\ y-\dfrac{7}{2}z=\dfrac{-17}{2} \\ -\dfrac{1}{2}z=\dfrac{-3}{2} \end{cases}$$

⑥　第３方程式を (−2) 倍する：

$$\begin{cases} x+y+2z=9 \\ y-\dfrac{7}{2}z=\dfrac{-17}{2} \\ z=3 \end{cases} \tag{2.4}$$

⑦　⑥で得られた解 $z=3$ を，第２, 第１の方程式に逐次代入して

$$y=2 \quad \text{および} \quad x=1$$

を得る．

この解法において x,y,z を省略し，行列を用いて表示することができる．方程式 (2.3) の係数を並べて

$$\left(\begin{array}{ccc|c} 2 & 4 & -3 & 1 \\ 1 & 1 & 2 & 9 \\ 3 & 6 & -5 & 0 \end{array}\right)$$

と表示する．この行列を方程式 (2.3) の**拡大係数行列**と呼ぶことにする．ここで "|" は，"=" で区切られた左辺と右辺の区別を表す．慣れてくれば "|" をはずして書いたほうが便利であるが，とりあえず "|" を付けておくことにする．たとえば第１行の

$$\left(\begin{array}{ccc|c} 2, & 4, & -3 & 1 \end{array}\right)$$

は，方程式

$$2x+4y-3z=1$$

の係数を並べ，"=" を "|" に置き換えたものである．この拡大係数行列に方程式 (2.3) を解く際に用いた操作を行ってみよう．

① まず第1行と第2行を入れ替える：

$$\left(\begin{array}{ccc|c} 1 & 1 & 2 & 9 \\ 2 & 4 & -3 & 1 \\ 3 & 6 & -5 & 0 \end{array}\right)$$

② 第1行を (-2) 倍して第2行に加える：

$$\left(\begin{array}{ccc|c} 1 & 1 & 2 & 9 \\ 0 & 2 & -7 & -17 \\ 3 & 6 & -5 & 0 \end{array}\right)$$

③ 第1行を (-3) 倍して第3行に加える：

$$\left(\begin{array}{ccc|c} 1 & 1 & 2 & 9 \\ 0 & 2 & -7 & -17 \\ 0 & 3 & -11 & -27 \end{array}\right)$$

④ 第2行を $\dfrac{1}{2}$ 倍する：

$$\left(\begin{array}{ccc|c} 1 & 1 & 2 & 9 \\ 0 & 1 & -7/2 & -17/2 \\ 0 & 3 & -11 & -27 \end{array}\right)$$

⑤ 第2行を (-3) 倍して第3行に加える：

$$\left(\begin{array}{ccc|c} 1 & 1 & 2 & 9 \\ 0 & 1 & -7/2 & -17/2 \\ 0 & 0 & -1/2 & -3/2 \end{array}\right)$$

⑥ 第3行を (-2) 倍する：

$$\left(\begin{array}{ccc|c} 1 & 1 & 2 & 9 \\ 0 & 1 & -7/2 & -17/2 \\ 0 & 0 & 1 & 3 \end{array}\right)$$

最後に現れた行列は方程式 (2.4) の拡大係数行列になっていることに注意してほしい．ここで最後に現れた行列：

$$\left(\begin{array}{ccc|c} 1 & 1 & 2 & 9 \\ 0 & 1 & -7/2 & -17/2 \\ 0 & 0 & 1 & 3 \end{array}\right)$$

において "|" の左側の行列は次の特徴を持つ．

(i) ある行が 0 以外の数を含めば，最初の 0 でない数は 1 である．この 1 を**先頭の** 1 とよぶことにする．

(ii) もしすべての成分が 0 となる行が存在したとすると，それらは下の方に集められている．

(iii) すべての成分が 0 ではない 2 つの行について上の行の先頭の 1 は下の行の先頭の 1 より左にある．

この 3 つの性質をもつ行列は**ガウス行列**といわれる．たとえば，上に挙げた行列のほかに

$$\begin{pmatrix} 1 & 6 & 0 & 0 & 4 \\ 0 & 0 & 1 & 0 & 3 \\ 0 & 0 & 0 & 1 & 5 \\ 0 & 0 & 0 & 0 & 0 \end{pmatrix} \text{ や, } \begin{pmatrix} 1 & 0 & 0 \\ 0 & 1 & 2 \\ 0 & 0 & 0 \end{pmatrix}$$

もガウス行列となる．このように，連立 1 次方程式を解くとは，その拡大係数行列の "|" の左側を，以下の 3 つの基本操作によりガウス行列に変形することにほかならない．

基本変形 1 2 つの行を入れ替える．

基本変形 2 ある行に 0 でない数を掛ける．

基本変形 3 ある行を何倍かして別の行に加える．

次に変形の手順を行列

$$\begin{pmatrix} 0 & 2 & 0 & 7 \\ 2 & 10 & 6 & 12 \\ 2 & 4 & 6 & -5 \end{pmatrix}$$

を例に取って説明しよう（この行列は，"|" の左側に現れているものとする）.

Step1　すべての成分が 0 でない列のうち，もっとも左にあるものに注目する：

$$\begin{pmatrix} \boxed{0} & 2 & 0 & 7 \\ \boxed{2} & 10 & 6 & 12 \\ \boxed{2} & 4 & 6 & -5 \end{pmatrix}$$

Step2　Step1 で注目した第 1 成分が 0 のときは，0 でない成分を含むもっとも上の行と第 1 行とを入れ替える：

$$\begin{pmatrix} 0 & 2 & 0 & 7 \\ 2 & 10 & 6 & 12 \\ 2 & 4 & 6 & -5 \end{pmatrix} \Longrightarrow \begin{pmatrix} 2 & 10 & 6 & 12 \\ 0 & 2 & 0 & 7 \\ 2 & 4 & 6 & -5 \end{pmatrix}$$

（第 1 行と第 2 行とを入れ替えた）

Step3　第 1 行の先頭の成分を α としたとき（Step2 より $\alpha \neq 0$），第 1 行を $\dfrac{1}{\alpha}$ 倍する：

$$\begin{pmatrix} 2 & 10 & 6 & 12 \\ 0 & 2 & 0 & 7 \\ 2 & 4 & 6 & -5 \end{pmatrix} \Longrightarrow \begin{pmatrix} 1 & 5 & 3 & 6 \\ 0 & 2 & 0 & 7 \\ 2 & 4 & 6 & -5 \end{pmatrix}$$

（第 1 行を 1/2 倍した）

Step4　第 1 行に適当な数を掛け他の行に加えることにより，第 1 行の先頭の 1 の下の数をすべて 0 にする：

$$\begin{pmatrix} 1 & 5 & 3 & 6 \\ 0 & 2 & 0 & 7 \\ 2 & 4 & 6 & -5 \end{pmatrix} \Longrightarrow \begin{pmatrix} 1 & 5 & 3 & 6 \\ 0 & 2 & 0 & 7 \\ 0 & -6 & 0 & -17 \end{pmatrix}$$

（第 1 行を (−2) 倍して第 3 行に加える）

Step5　第１行を除いた行列を考え，Step1 に戻る：

$$\begin{pmatrix} 1 & 5 & 3 & 6 \\ 0 & 2 & 0 & 7 \\ 0 & -6 & 0 & -17 \end{pmatrix}$$

から第１行を除いた行列

$$\begin{pmatrix} 0 & 2 & 0 & 7 \\ 0 & -6 & 0 & -17 \end{pmatrix}$$

について，Step1 を適用する．

これらのステップを繰り返す．以下，

$$\begin{pmatrix} 1 & 5 & 3 & 6 \\ 0 & 2 & 0 & 7 \\ 0 & -6 & 0 & -17 \end{pmatrix}$$

の第２行以降に注目する．

① 第２行を $\dfrac{1}{2}$ 倍する：

$$\begin{pmatrix} 1 & 5 & 3 & 6 \\ 0 & 1 & 0 & 7/2 \\ 0 & -6 & 0 & -17 \end{pmatrix}$$

② 第２行を６倍して第３行に加える：

$$\begin{pmatrix} 1 & 5 & 3 & 6 \\ 0 & 1 & 0 & 7/2 \\ 0 & 0 & 0 & 4 \end{pmatrix}$$

③ 第３行を $\dfrac{1}{4}$ 倍する：

$$\begin{pmatrix} 1 & 5 & 3 & 6 \\ 0 & 1 & 0 & 7/2 \\ 0 & 0 & 0 & 1 \end{pmatrix}$$

以上の操作からガウス行列が得られた．

このように与えられた行列を基本変形を用いてガウス行列に変形する操作を**ガウス消去法**という．

2.3 行列の階数

(m,n) 型行列 A に基本変形 1, 2, 3 を施して，ガウス行列 A' に変形したとき A' の先頭の 1 の数を行列 A の**階数（ランク）**といい $r(A)$ と表す．たとえば，

$$\begin{pmatrix} 0 & 2 & 0 & 7 \\ 2 & 10 & 6 & 12 \\ 2 & 4 & 6 & -5 \end{pmatrix}$$

の階数は前節の計算により 3 となる．与えられた行列をガウス行列に変形する方法は複数通りあり，また得られたガウス行列も与えられた行列に対して唯一通りに決定されるわけではないが，階数は唯一つに決まることが知られている．この事実は，この本では証明しないが，階数の持つ意義を説明しよう．

行列

$$A = \begin{pmatrix} a_{11} & \cdots & a_{1n} \\ \vdots & \ddots & \vdots \\ a_{m1} & \cdots & a_{mn} \end{pmatrix} \tag{2.5}$$

から，それらの成分を係数とする斉次連立 1 次方程式

$$\begin{cases} a_{11}x_1 + \cdots + a_{1n}x_n = 0 \\ \quad \vdots \qquad\qquad \vdots \qquad \vdots \\ a_{m1}x_1 + \cdots + a_{mn}x_n = 0 \end{cases} \tag{2.6}$$

を考える．

まず

$$(\text{媒介変数の個数}) = (\text{方程式の変数の個数}) - r(A) = n - r(A) \tag{2.7}$$

が成り立つことがガウス行列への基本変形からわかる．実際，

$$A=\begin{pmatrix} 0 & 2 & 0 & 7 \\ 2 & 10 & 6 & 12 \\ 2 & 4 & 6 & -5 \end{pmatrix}$$

を例に取って見てみよう．これから得られる斉次連立１次方程式は，

$$\begin{cases} \quad\quad\; 2x_2 \quad\quad\quad\; + \;7x_4 \; = 0 \\ 2x_1 + 10x_2 + 6x_3 + 12x_4 = 0 \\ 2x_1 + \;4x_2 \;+ 6x_3 - \;5x_4 \; = 0 \end{cases}$$

となるが，これは基本変形により

$$\begin{cases} x_1 + 5x_2 + 3x_3 + 6x_4 = 0 \\ \quad\quad x_2 \quad\quad\quad + \dfrac{7}{2}x_4 = 0 \\ \quad\quad\quad\quad\quad\quad\quad\;\; x_4 \; = 0 \end{cases}$$

と変形された．この方程式の一般解は t を媒介変数として

$$\begin{pmatrix} x_1 \\ x_2 \\ x_3 \\ x_4 \end{pmatrix} = \begin{pmatrix} -3t \\ 0 \\ t \\ 0 \end{pmatrix} \tag{2.8}$$

で与えられる．特に媒介変数の個数は１となり，これは

$$(\text{方程式の変数の個数}) - r(A) = 4 - 3 = 1$$

を満たす．一般の場合も方程式 (2.6) を，その係数行列 (2.5) がガウス行列になるように基本変形を行うことにより，確認することができる．

ここでは，その特別な場合として，(2.5) の行列 A において $m \geqq n$ でさらに A の階数が n に等しい場合を考えよう．このとき，(2.7) から方程式 (2.6) の一般解は媒介変数を持たないから，その解は

$$x_1 = \cdots = x_n = 0$$

に限るのだが，このことは，次のようにして確認される．

仮定 $r(A)=n$ は，方程式 (2.6) の係数行列 (2.5) に基本変形を行って

$$
\begin{pmatrix}
1 & a'_{12} & \cdots & \cdots & a'_{1n} \\
0 & 1 & a'_{23} & \cdots & a'_{2n} \\
\vdots & \ddots & \ddots & \ddots & \vdots \\
0 & & \ddots & 1 & a'_{n-1,n} \\
0 & \cdots & & 0 & 1 \\
0 & \cdots & & \cdots & 0 \\
\vdots & \vdots & & \vdots & \vdots \\
0 & \cdots & & \cdots & 0
\end{pmatrix}
$$

と変形されることを意味する．つまり，方程式 (2.6) は

$$
\begin{cases}
x_1 + a'_{12}x_2 + \ \cdots \ + \ a'_{1n}x_n = 0 \\
\qquad\qquad\qquad\qquad \vdots \qquad\quad \vdots \\
\qquad\qquad x_{n-1} + a'_{n-1,n}x_n = 0 \\
\qquad\qquad\qquad\qquad x_n = 0
\end{cases}
$$

と変形されるから，その解は

$$
x_1 = \cdots = x_n = 0
$$

に限ることがわかる．この事実は後で必要となるので命題にまとめておこう．

命題 2.1　$m \geqq n$ とし，行列

$$
A = \begin{pmatrix}
a_{11} & \cdots & a_{1n} \\
\vdots & \ddots & \vdots \\
a_{m1} & \cdots & a_{mn}
\end{pmatrix}
$$

の階数が n に等しいとする．このとき，方程式

$$
A\boldsymbol{x} = \boldsymbol{0}
$$

を満たす

$$\boldsymbol{x} = \begin{pmatrix} x_1 \\ \vdots \\ x_n \end{pmatrix}$$

は $\mathbf{0}$ しかない．

以下，特に $m=n$ の場合，つまり

(方程式の変数の個数)＝(方程式の個数)

の場合について考察しよう．

方程式

$$\begin{cases} a_{11}x_1 + \cdots + a_{1n}x_n = b_1 \\ \quad\vdots \qquad\qquad \vdots \qquad \vdots \\ a_{n1}x_1 + \cdots + a_{nn}x_n = b_n \end{cases} \tag{2.9}$$

の拡大係数行列：

$$\left(\begin{array}{ccc|c} a_{11} & \cdots & a_{1n} & b_1 \\ \vdots & \ddots & \vdots & \vdots \\ a_{n1} & \cdots & a_{nn} & b_n \end{array}\right)$$

における "|" の左側：

$$A = \begin{pmatrix} a_{11} & \cdots & a_{1n} \\ \vdots & \ddots & \vdots \\ a_{n1} & \cdots & a_{nn} \end{pmatrix}$$

の階数が n とすると，拡大係数行列は基本変形により

$$\left(\begin{array}{cccc|c} 1 & * & \cdots & a'_{1n} & b'_1 \\ 0 & 1 & * & \vdots & b'_2 \\ \vdots & \vdots & \ddots & \vdots & \vdots \\ 0 & 0 & \cdots & 1 & b'_n \end{array}\right)$$

と変形される．対応する方程式は

$$\begin{cases} x_1 + \cdots + a'_{1n}x_n = b'_1 \\ \quad \ddots \quad \vdots \quad \vdots \\ x_{n-1} + a'_{n-1,n}x_n = b'_{n-1} \\ x_n = b'_n \end{cases} \tag{2.10}$$

となり，これを下から上へ順に解いていくと解が求まる．これにより $x_n, x_{n-1}, x_{n-2}, \cdots, x_2, x_1$ が順に決定していくので，解がただ一組しかないこともわかる．特に方程式 (2.9) において

$$b_1 = \cdots = b_n = 0$$

としよう．基本操作で "|" の右側はつねに 0 であることに注意すると，(2.10) より方程式

$$\begin{cases} a_{11}x_1 + \cdots + a_{1n}x_n = 0 \\ \vdots \qquad \vdots \qquad \vdots \\ a_{n1}x_1 + \cdots + a_{nn}x_n = 0 \end{cases} \tag{2.11}$$

の解は

$$x_1 = \cdots = x_n = 0$$

に限ることがわかる．また逆に (2.11) の解が，

$$x_1 = \cdots = x_n = 0$$

しかないとすると，

$$(\text{媒介変数の個数}) = 0$$

となるから，公式 (2.7) より，

$$r(A) = n$$

が従う．さらに

$$\boldsymbol{x} = \begin{pmatrix} x_1 \\ \vdots \\ x_n \end{pmatrix}, \quad \boldsymbol{b} = \begin{pmatrix} b_1 \\ \vdots \\ b_n \end{pmatrix}$$

とおいて，(2.9) を

$$A\boldsymbol{x} = \boldsymbol{b}$$

と書き直すと，以上の考察から，次の 2 つの定理が従う．

定理 2.1　方程式

$$A\boldsymbol{x} = \boldsymbol{0}$$

が

$$\boldsymbol{x} = \boldsymbol{0}$$

のみを解として持つことと，$r(A)$ が n に等しいことは同値である．

定理 2.2　勝手な n 次元ベクトル $\boldsymbol{b}$ に対して，方程式

$$A\boldsymbol{x} = \boldsymbol{b}$$

がただひとつの解を持つことと，$r(A)$ が n に等しいことは同値である．

証明　勝手な n 次元ベクトル $\boldsymbol{b}$ に対して，方程式

$$A\boldsymbol{x} = \boldsymbol{b}$$

がただひとつの解を持つとする．特に

$$\boldsymbol{b} = \begin{pmatrix} 0 \\ \vdots \\ 0 \end{pmatrix}$$

とすれば，仮定から方程式の解は

$$\boldsymbol{x} = \boldsymbol{0}$$

に限ることになり定理 2.1 から $r(A)$ が n に等しいことがわかる．また，逆に $r(A)$ が n に等しいとすると，すでに見たように，与えられた方程式 (2.9) は基本変形により (2.10) の形に変形できるから，その解は存在しただ一つしかない．

■

次の定理は，5.2 節で証明される．

定理 2.3

$$r(A) = r({}^tA)$$

が成り立つ．

2.4　基本変形と基本行列

m 次単位行列 I_m に基本変形を施して得られる行列：

$$F_m(i \longleftrightarrow j), \quad F_m(i, \alpha), \quad F_m(i \xrightarrow{\lambda} j)$$

を次のように定める．

（i） I_m の第 i 行と第 j 行を入れ替えたものを

$$F_m(i \longleftrightarrow j)$$

とかく．

（ii） I_m の第 i 行を α 倍したもの $(\alpha \neq 0)$ を

$$F_m(i, \alpha)$$

とかく．

(iii) I_m の第 i 行を λ 倍して第 j 行に加えたものを

$$F_m(i \xrightarrow{\lambda} j)$$

とかく．

これらを具体的に４次行列で見てみよう．

[例 **2.1**]

(ｉ) 第２行と第３行の入れ替え：

$$I_4=\begin{pmatrix}1&0&0&0\\0&1&0&0\\0&0&1&0\\0&0&0&1\end{pmatrix}\quad\Longrightarrow\quad F_4(2\longleftrightarrow 3)=\begin{pmatrix}1&0&0&0\\0&0&1&0\\0&1&0&0\\0&0&0&1\end{pmatrix}$$

(ii) 第３行を α 倍：

$$I_4=\begin{pmatrix}1&0&0&0\\0&1&0&0\\0&0&1&0\\0&0&0&1\end{pmatrix}\quad\Longrightarrow\quad F_4(3,\alpha)=\begin{pmatrix}1&0&0&0\\0&1&0&0\\0&0&\alpha&0\\0&0&0&1\end{pmatrix}$$

(iii) 第１行を λ 倍して第４行に加える：

$$I_4=\begin{pmatrix}1&0&0&0\\0&1&0&0\\0&0&1&0\\0&0&0&1\end{pmatrix}\quad\Longrightarrow\quad F_4(1\overset{\lambda}{\longrightarrow}4)=\begin{pmatrix}1&0&0&0\\0&1&0&0\\0&0&1&0\\\lambda&0&0&1\end{pmatrix}$$

以下，

$$F_m(i\longleftrightarrow j),\quad F_m(i,\alpha),\quad F_m(i\overset{\lambda}{\longrightarrow}j)$$

を，それぞれ**基本行列１,２,３**と呼ぶことにする．これらの行列を (m,n) 型行列 X に左から掛けるとどうなるだろうか．例 2.1 の４次行列を (4,3) 型行列：

$$X=\begin{pmatrix}x_{11}&x_{12}&x_{13}\\x_{21}&x_{22}&x_{23}\\x_{31}&x_{32}&x_{33}\\x_{41}&x_{42}&x_{43}\end{pmatrix}$$

に左から掛けてみよう．

(i) の場合：

$$F_4(2 \longleftrightarrow 3)X = \begin{pmatrix} 1 & 0 & 0 & 0 \\ 0 & 0 & 1 & 0 \\ 0 & 1 & 0 & 0 \\ 0 & 0 & 0 & 1 \end{pmatrix} \begin{pmatrix} x_{11} & x_{12} & x_{13} \\ x_{21} & x_{22} & x_{23} \\ x_{31} & x_{32} & x_{33} \\ x_{41} & x_{42} & x_{43} \end{pmatrix}$$

$$= \begin{pmatrix} x_{11} & x_{12} & x_{13} \\ x_{31} & x_{32} & x_{33} \\ x_{21} & x_{22} & x_{23} \\ x_{41} & x_{42} & x_{43} \end{pmatrix}$$

となり，これは X の第２行と第３行を入れ替えたものである．

(ii) の場合：

$$F_4(3,\alpha)X = \begin{pmatrix} 1 & 0 & 0 & 0 \\ 0 & 1 & 0 & 0 \\ 0 & 0 & \alpha & 0 \\ 0 & 0 & 0 & 1 \end{pmatrix} \begin{pmatrix} x_{11} & x_{12} & x_{13} \\ x_{21} & x_{22} & x_{23} \\ x_{31} & x_{32} & x_{33} \\ x_{41} & x_{42} & x_{43} \end{pmatrix}$$

$$= \begin{pmatrix} x_{11} & x_{12} & x_{13} \\ x_{21} & x_{22} & x_{23} \\ \alpha x_{31} & \alpha x_{32} & \alpha x_{33} \\ x_{41} & x_{42} & x_{43} \end{pmatrix}$$

となり，これは X の第３行を α 倍したものである．

(iii) の場合：

$$F_4(1 \xrightarrow{\lambda} 4)X = \begin{pmatrix} 1 & 0 & 0 & 0 \\ 0 & 1 & 0 & 0 \\ 0 & 0 & 1 & 0 \\ \lambda & 0 & 0 & 1 \end{pmatrix} \begin{pmatrix} x_{11} & x_{12} & x_{13} \\ x_{21} & x_{22} & x_{23} \\ x_{31} & x_{32} & x_{33} \\ x_{41} & x_{42} & x_{43} \end{pmatrix}$$

$$= \begin{pmatrix} x_{11} & x_{12} & x_{13} \\ x_{21} & x_{22} & x_{23} \\ x_{31} & x_{32} & x_{33} \\ \lambda x_{11}+x_{41} & \lambda x_{12}+x_{42} & \lambda x_{13}+x_{43} \end{pmatrix}$$

となり，これは X の第 1 行を λ 倍して第 4 行に加えたものである．

以上の計算から，次の定理が成り立つことが予想される．

定理 2.4　m 次単位行列 I_m に基本変形 $\mathcal{F}$ を施して得られる行列を F とする．このとき (m,n) 型行列 X に基本変形 $\mathcal{F}$ を施して得られる行列は FX に等しい．

定理の証明は，(4,3) 型行列で行った先ほどの計算を，そのまま (m,n) 型行列で行えばよい．ここでは，その証明は省略する．

演 習 問 題

1. 行列

$$A=\begin{pmatrix} 1 & 2 & 1 & -1 \\ 2 & 1 & 0 & 1 \\ 0 & 0 & 1 & 1 \\ 0 & 0 & 1 & 1 \end{pmatrix}$$

の階数を求めよ．また

$$A_{11}=\begin{pmatrix} 1 & 2 \\ 2 & 1 \end{pmatrix}, \quad A_{22}=\begin{pmatrix} 1 & 1 \\ 1 & 1 \end{pmatrix}$$

とおくとき

$$r(A)=r(A_{11})+r(A_{22})$$

が成り立つことを確かめよ．

2. (m,n) 型行列 A が

$$A=\begin{pmatrix} A_{11} & B \\ O & A_{22} \end{pmatrix}$$

という型をとるとき

$$r(A)=r(A_{11})+r(A_{22})$$

が成り立つことを示せ.

第 3 章

逆行列

3.1 逆行列

次のようなグラフを考える：

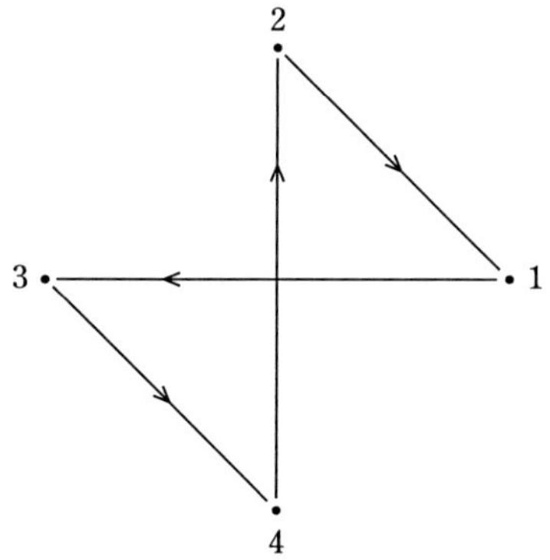

図 3.1

このグラフは各頂点から出る矢印および入る矢印が 1 つずつ，という特徴を持つ．このグラフから第 1 章と同様に行列をつくると，

$$A=\begin{pmatrix}0&1&0&0\\0&0&0&1\\1&0&0&0\\0&0&1&0\end{pmatrix}$$

が得られる．またグラフ X の矢印を逆にしたグラフを考えよう：

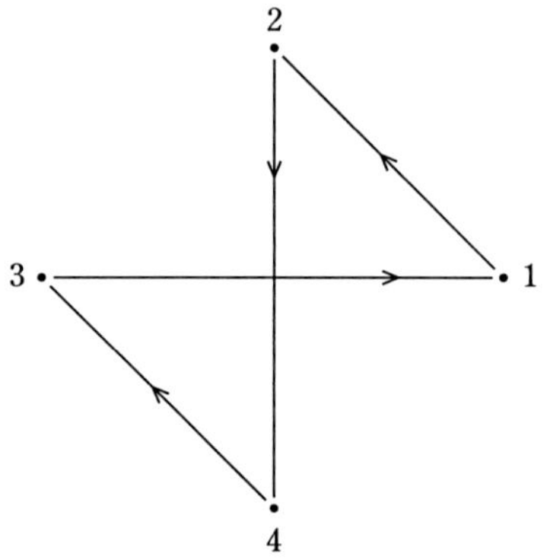

図 3.2

このグラフから得られる行列は

$$A'=\begin{pmatrix}0&0&1&0\\1&0&0&0\\0&0&0&1\\0&1&0&0\end{pmatrix}$$

となる．A と A' の積を計算すると

$$A'A=\begin{pmatrix}0&0&1&0\\1&0&0&0\\0&0&0&1\\0&1&0&0\end{pmatrix}\begin{pmatrix}0&1&0&0\\0&0&0&1\\1&0&0&0\\0&0&1&0\end{pmatrix}$$

$$
= \begin{pmatrix} 1 & 0 & 0 & 0 \\ 0 & 1 & 0 & 0 \\ 0 & 0 & 1 & 0 \\ 0 & 0 & 0 & 1 \end{pmatrix} = I_4
$$

$$
AA' = \begin{pmatrix} 0 & 1 & 0 & 0 \\ 0 & 0 & 0 & 1 \\ 1 & 0 & 0 & 0 \\ 0 & 0 & 1 & 0 \end{pmatrix} \begin{pmatrix} 0 & 0 & 1 & 0 \\ 1 & 0 & 0 & 0 \\ 0 & 0 & 0 & 1 \\ 0 & 1 & 0 & 0 \end{pmatrix}
$$

$$
= \begin{pmatrix} 1 & 0 & 0 & 0 \\ 0 & 1 & 0 & 0 \\ 0 & 0 & 1 & 0 \\ 0 & 0 & 0 & 1 \end{pmatrix} = I_4
$$

となり，

$$
AA' = A'A = I_4
$$

が成り立つことがわかった．一般に n 次行列 A に対し

$$
AA' = A'A = I_n
$$

を満たす n 次行列 A' が存在するとき A' を A の**逆行列**といい，A^{-1} で表す．また逆行列を持つ n 次行列を**正則行列**と呼ぶことにする．

n 次行列 A に対して逆行列はただひとつしか存在しない．実際 A'' を n 次行列で

$$
AA'' = A''A = I_n
$$

を満たすものとすると

$$
\begin{aligned}
A' &= A'I_n = A'(AA'') \\
&= (A'A)A'' = I_nA'' = A''
\end{aligned}
$$

より

$$
A' = A''
$$

が従う．また注意しなければならないのは，逆行列は必ずしも存在するとは限らない，ということである（たとえば O 行列の逆行列は存在しない）．n 次行列 A が逆行列を持つためには，A はどのような条件を満たさなければならないのだろうか．

まず A は逆行列を持つとしよう．方程式

$$A\boldsymbol{x}=\boldsymbol{0}, \qquad \boldsymbol{x}=\begin{pmatrix} x_1 \\ \vdots \\ x_n \end{pmatrix} \tag{3.1}$$

を解くと，その解は

$$\begin{aligned} \boldsymbol{x}&=I_n\boldsymbol{x}=A^{-1}(A\boldsymbol{x}) \\ &=A^{-1}\boldsymbol{0}=\boldsymbol{0} \end{aligned}$$

より

$$\boldsymbol{x}=\boldsymbol{0}$$

しかないことがわかる．したがって定理 2.1 より A の階数 $r(A)$ は n に等しいことがわかる．

また逆に A の階数は n に等しいとしよう．

$$AA'=I_n$$

となる n 次行列 A' を求めるには方程式

$$AX=I_n$$

を解けばよいが，これは

$$X=(\boldsymbol{x}_1,\cdots,\boldsymbol{x}_n), \qquad \boldsymbol{x}_i=\begin{pmatrix} x_{1i} \\ \vdots \\ x_{ni} \end{pmatrix}$$

と n 次行列 X を n 個の縦ベクトル $\boldsymbol{x}_i$ が横に n 個並んだものとみなして，方程式

$$A\boldsymbol{x}_1=\boldsymbol{e}_1,\ \cdots,\ A\boldsymbol{x}_n=\boldsymbol{e}_n \tag{3.2}$$

を解くことに帰着される．実際，方程式 (3.2) の解

$$\boldsymbol{x}_1=\boldsymbol{a}'^1,\ \cdots,\ \boldsymbol{x}_n=\boldsymbol{a}'^n$$

が見つかったとすると

$$A'=(\boldsymbol{a}'^1,\cdots,\boldsymbol{a}'^n)$$

とおけば，

$$\begin{aligned}AA'&=(A\boldsymbol{a}'^1,\cdots,A\boldsymbol{a}'^n)\\&=(\boldsymbol{e}_1,\cdots,\boldsymbol{e}_n)\\&=I_n\end{aligned}$$

より，求める式を A' が満たすことがわかる．残った問題は，

$$A'A=I_n$$

が成り立つかということであるが，まず A' の性質を調べよう．

補題 3.1　A' の階数は n に等しい．

証明　定理 2.1 より

$$A'\boldsymbol{x}=\boldsymbol{0}$$

を満たす n 次元縦ベクトルは $\boldsymbol{x}=\boldsymbol{0}$ に限ることを示せばよいが，そのような $\boldsymbol{x}$ は

$$AA'=I_n$$

を用いて

$$\begin{aligned}\boldsymbol{x}&=I_n\boldsymbol{x}=A(A'\boldsymbol{x})\\&=A\boldsymbol{0}=\boldsymbol{0}\end{aligned}$$

となるから，$\boldsymbol{0}$ しかないことがわかる．■

したがって A を A' に置き換えて，先ほどと同じ議論を繰り返すと，n 次行列

$$A''=(\boldsymbol{a}''^1,\cdots,\boldsymbol{a}''^n), \qquad \boldsymbol{a}''^i=\begin{pmatrix} a''_{1i} \\ \vdots \\ a''_{ni} \end{pmatrix}$$

で

$$A'A''=I_n$$

を満たすものの存在がわかる．ここで A と A'' との関係だが，

$$\begin{aligned} A&=AI_n=A(A'A'') \\ &=(AA')A''=I_nA'' \\ &=A'' \end{aligned}$$

から，両者は等しいことがわかる．特に，

$$A'A=I_n$$

が成り立つ．以上より，次の定理が示された．

定理 3.1　n 次行列 A が逆行列を持つための必要十分条件は，A の階数が n に等しいことである．

いくつか例を挙げよう．

例題 3.1　基本行列 1, 2, 3 について次の問いに答えよ．

(i)　$r(F_n(i \longleftrightarrow j))=n$ が成り立つ．

(ii)　0 でない α について，$r(F_n(i,\alpha))=n$ が成り立つ．

(iii)　勝手な数 λ に対して，$r(F_n(i \xrightarrow{\lambda} j))=n$ がつねに成り立つ．

したがって，定理 3.1 によると，

$$F_n(i \longleftrightarrow j), \quad F_n(i,\alpha) \quad (\alpha \neq 0), \quad F_n(i \overset{\lambda}{\longrightarrow} j)$$

のいずれもが逆行列を持つことがわかるが，ここでは基本行列１：

$$F_n(i \longleftrightarrow j)$$

の逆行列を求めてみる．n 次行列に $F_n(i \longleftrightarrow j)$ を左から掛けると，第 i 行と第 j 行の入れ替えを引き起こしたから，n 次単位行列 I_n を

$$I_n = \begin{pmatrix} {}^t\boldsymbol{e}_1 \\ \vdots \\ {}^t\boldsymbol{e}_i \\ \vdots \\ {}^t\boldsymbol{e}_j \\ \vdots \\ {}^t\boldsymbol{e}_n \end{pmatrix}, \quad {}^t\boldsymbol{e}_i = (0, \cdots, \overset{\overset{i}{\vee}}{1}, \cdots, 0)$$

と表して

$$\begin{aligned} F_n(i \longleftrightarrow j) F_n(i \longleftrightarrow j) &= F_n(i \longleftrightarrow j) F_n(i \longleftrightarrow j) I_n \\ &= F_n(i \longleftrightarrow j) F_n(i \longleftrightarrow j) \begin{pmatrix} {}^t\boldsymbol{e}_1 \\ \vdots \\ {}^t\boldsymbol{e}_i \\ \vdots \\ {}^t\boldsymbol{e}_j \\ \vdots \\ {}^t\boldsymbol{e}_n \end{pmatrix} \\ &= F_n(i \longleftrightarrow j) \begin{pmatrix} {}^t\boldsymbol{e}_1 \\ \vdots \\ {}^t\boldsymbol{e}_j \\ \vdots \\ {}^t\boldsymbol{e}_i \\ \vdots \\ {}^t\boldsymbol{e}_n \end{pmatrix} \end{aligned}$$

$$
= \begin{pmatrix} {}^t\boldsymbol{e}_1 \\ \vdots \\ {}^t\boldsymbol{e}_i \\ \vdots \\ {}^t\boldsymbol{e}_j \\ \vdots \\ {}^t\boldsymbol{e}_n \end{pmatrix}
$$

$$
= I_n
$$

が得られる．したがって $F_n(i \longleftrightarrow j)$ の逆行列はそれ自身となることがわかった．またこれ以外の基本行列については次の命題が成り立つ．証明は基本行列 1 の場合と同様にしてできるので省略する．

命題 3.1

(i) $\alpha \neq 0$ としたとき，$F_n(i,\alpha)^{-1} = F_n(i,\alpha^{-1})$ が成り立つ．

(ii) $F_n(i \xrightarrow{\lambda} j)^{-1} = F_n(i \xrightarrow{-\lambda} j)$ が成り立つ．

• **問 3.1** 上の命題が正しいことを確かめよ．

3.2 逆行列の求め方

A を n 次行列で $r(A) = n$ を満たすものとする．前節で n 次行列 A' が，

$$
AA' = I_n \tag{3.3}
$$

を満たせば，自動的に

$$
A'A = I_n \tag{3.4}
$$

となることを見た．いま，

$$
BA = I_n
$$

となる n 次行列 B があったとすると，(3.3) において A を B, A' を A にそれぞれ置き換えて (3.4) を適用すると，

$$AB = I_n$$

となることがわかる．つまり，(3.3) と (3.4) は同値である．したがって A の逆行列を求めるには,

$$AA' = I_n$$

あるいは

$$A'A = I_n$$

を満たす n 次行列 A' を求めればよい.

この節では,

$$A'A = I_n$$

を満たす n 次行列 A' の見つけ方について解説する．逆行列を求めたい行列：

$$A = \begin{pmatrix} a_{11} & \cdots & a_{1n} \\ \vdots & \ddots & \vdots \\ a_{n1} & \cdots & a_{nn} \end{pmatrix}$$

の右側に単位行列 I_n を置いて，$(n,2n)$ 型行列：

$$\begin{aligned}\hat{A} &= (A \mid I_n) \\ &= \left(\begin{array}{ccc|ccc} a_{11} & \cdots & a_{1n} & 1 & \cdots & 0 \\ \vdots & \ddots & \vdots & \vdots & \ddots & \vdots \\ a_{n1} & \cdots & a_{nn} & 0 & \cdots & 1 \end{array}\right)\end{aligned}$$

をつくる（“｜”は，連立 1 次方程式を解く場合と同様に便宜上のもので，慣れてきたら書く必要はない）.

“｜”の左側の階数は n より，$\hat{A}$ に基本変形を施してガウス行列に変形すると,

$$\hat{A}_1 = \left(\begin{array}{ccc|ccc} 1 & \cdots & * & b_{11} & \cdots & b_{1n} \\ \vdots & \ddots & \vdots & \vdots & \ddots & \vdots \\ 0 & \cdots & 1 & b_{n1} & \cdots & b_{nn} \end{array}\right)$$

となる．さらに基本変形を施して

$$\hat{A}_2 = \left(\begin{array}{ccc|ccc} 1 & \cdots & 0 & c_{11} & \cdots & c_{1n} \\ \vdots & \ddots & \vdots & \vdots & \ddots & \vdots \\ 0 & \cdots & 1 & c_{n1} & \cdots & c_{nn} \end{array}\right)$$

のように“|”の左側が単位行列 I_n になるまで変形されるが，このとき“|”の右側に現れた行列が A の逆行列となる．実際，図 3.1 から得られた行列：

$$A = \begin{pmatrix} 0 & 1 & 0 & 0 \\ 0 & 0 & 0 & 1 \\ 1 & 0 & 0 & 0 \\ 0 & 0 & 1 & 0 \end{pmatrix}$$

を例に取って見てみよう．

① 右側に単位行列を置いて (4,8) 型行列：

$$A = \left(\begin{array}{cccc|cccc} 0 & 1 & 0 & 0 & 1 & 0 & 0 & 0 \\ 0 & 0 & 0 & 1 & 0 & 1 & 0 & 0 \\ 1 & 0 & 0 & 0 & 0 & 0 & 1 & 0 \\ 0 & 0 & 1 & 0 & 0 & 0 & 0 & 1 \end{array}\right)$$

をつくる．

② 第 1 行と第 3 行を入れ替える：

$$A = \left(\begin{array}{cccc|cccc} 1 & 0 & 0 & 0 & 0 & 0 & 1 & 0 \\ 0 & 0 & 0 & 1 & 0 & 1 & 0 & 0 \\ 0 & 1 & 0 & 0 & 1 & 0 & 0 & 0 \\ 0 & 0 & 1 & 0 & 0 & 0 & 0 & 1 \end{array}\right)$$

③ 第 2 行と第 3 行を入れ替える：

$$A = \left(\begin{array}{cccc|cccc} 1 & 0 & 0 & 0 & 0 & 0 & 1 & 0 \\ 0 & 1 & 0 & 0 & 1 & 0 & 0 & 0 \\ 0 & 0 & 0 & 1 & 0 & 1 & 0 & 0 \\ 0 & 0 & 1 & 0 & 0 & 0 & 0 & 1 \end{array}\right)$$

④ 第 3 行と第 4 行を入れ替える：

$$A=\left(\begin{array}{cccc|cccc} 1 & 0 & 0 & 0 & 0 & 0 & 1 & 0 \\ 0 & 1 & 0 & 0 & 1 & 0 & 0 & 0 \\ 0 & 0 & 1 & 0 & 0 & 0 & 0 & 1 \\ 0 & 0 & 0 & 1 & 0 & 1 & 0 & 0 \end{array}\right)$$

ここで "|" の右側の行列：

$$\begin{pmatrix} 0 & 0 & 1 & 0 \\ 1 & 0 & 0 & 0 \\ 0 & 0 & 0 & 1 \\ 0 & 1 & 0 & 0 \end{pmatrix}$$

は図 3.2 から得られる行列 A' に他ならないことがわかる．なぜこのような方法で逆行列が求められたのだろうか．理由は次の通りである．

第 2 章で説明したように，ある行列に基本変形を行うことは，その行列に左から対応する基本行列を掛けることに他ならなかった．したがって，行列 $(A\,|\,I_n)$ に基本変形 $\mathcal{F}_1,\cdots,\mathcal{F}_N$ を行って，" | " の左側を n 次単位行列に変形することは，それらに対応する基本行列 $F_1,\cdots,F_N$ を左から掛けて

$$F_N\cdots F_1(A\,|\,I_n)=(I_n\,|\,C) \tag{3.5}$$

と変形することになる．ここで左辺は第 1 章の**補題 1.1** を用いて

$$\begin{aligned} F_N\cdots F_1(A\,|\,I_n)&=(F_N\cdots F_1A\,|\,F_N\cdots F_1I_n) \\ &=(F_N\cdots F_1A\,|\,F_N\cdots F_1) \end{aligned} \tag{3.6}$$

と計算されるから，(3.5) と (3.6) の "|" の左側を比較すると，

$$F_N\cdots F_1A=I_n$$

が得られる．しかし，このとき " | " の右側を比較すると，

$$C=F_N\cdots F_1$$

が従うから，

$$CA=I_n$$

が成立しているのである．つまり，“ | ” の右側の行列 C は A の逆行列に他ならない．これが，“ | ” の右側に A の逆行列が現れる理由である．

演 習 問 題

1. 例題 3.1 の解答を与えよ．

2. 問題 3.1 の解答を与えよ．

3. 行列

$$\begin{pmatrix} 2 & -1 & 3 \\ 1 & 2 & -2 \\ 4 & 3 & 1 \end{pmatrix}$$

の逆行列を求めよ．

第4章 行列式

4.1　行列式の定義

　2次行列

$$A=\begin{pmatrix} a_{11} & a_{12} \\ a_{21} & a_{22} \end{pmatrix}$$

の行列式 $|A|$ は

$$|A|=a_{11}a_{22}-a_{12}a_{21}$$

で定義された．これを一般の n 次行列にまで拡張したい．そのために行列式 $|A|$ の性質を見てみよう．

　以下，n 次行列 A を

$$A=\begin{pmatrix} a_{11} & \cdots & a_{1n} \\ \vdots & \ddots & \vdots \\ a_{n1} & \cdots & a_{nn} \end{pmatrix}=\begin{pmatrix} \boldsymbol{a}_1 \\ \vdots \\ \boldsymbol{a}_n \end{pmatrix}$$

n 個の横ベクトル

$$\boldsymbol{a}_i=(a_{i1},\cdots,a_{in})$$

が縦に n 個並んだものとして表すことにする．たとえば，上記の 2 次行列は

$$\boldsymbol{a}_1=(a_{11},a_{12}), \qquad \boldsymbol{a}_2=(a_{21},a_{22})$$

を用いて

$$A=\begin{pmatrix} \boldsymbol{a}_1 \\ \boldsymbol{a}_2 \end{pmatrix}$$

と表される．

さて 2 次行列の行列式は次の性質を持つことが確かめられる：

(i) $\begin{vmatrix} \boldsymbol{a}_2 \\ \boldsymbol{a}_1 \end{vmatrix}=-\begin{vmatrix} \boldsymbol{a}_1 \\ \boldsymbol{a}_2 \end{vmatrix}$

(ii) $\begin{vmatrix} \lambda\boldsymbol{a}_1 \\ \boldsymbol{a}_2 \end{vmatrix}=\begin{vmatrix} \boldsymbol{a}_1 \\ \lambda\boldsymbol{a}_2 \end{vmatrix}=\lambda\begin{vmatrix} \boldsymbol{a}_1 \\ \boldsymbol{a}_2 \end{vmatrix}$，　λは定数

(iii) $\begin{vmatrix} \boldsymbol{a}_1+\boldsymbol{a}'_1 \\ \boldsymbol{a}_2 \end{vmatrix}=\begin{vmatrix} \boldsymbol{a}_1 \\ \boldsymbol{a}_2 \end{vmatrix}+\begin{vmatrix} \boldsymbol{a}'_1 \\ \boldsymbol{a}_2 \end{vmatrix}$，　$\begin{vmatrix} \boldsymbol{a}_1 \\ \boldsymbol{a}_2+\boldsymbol{a}'_2 \end{vmatrix}=\begin{vmatrix} \boldsymbol{a}_1 \\ \boldsymbol{a}_2 \end{vmatrix}+\begin{vmatrix} \boldsymbol{a}_1 \\ \boldsymbol{a}'_2 \end{vmatrix}$

(iv) $\begin{vmatrix} {}^t\boldsymbol{e}_1 \\ {}^t\boldsymbol{e}_2 \end{vmatrix}=1$

ここで，最後の式において，

$${}^t\boldsymbol{e}_1=(1,0), \qquad {}^t\boldsymbol{e}_2=(0,1)$$

である．

● **問 4.1**　これらの式が成立することを確かめよ．

一般に，n 次行列

$$A=\begin{pmatrix} \boldsymbol{a}_1 \\ \vdots \\ \boldsymbol{a}_n \end{pmatrix}$$

に対し，数 $\delta(A)$ を対応させる関数で，次の条件 1 から 3 までの性質を満たすも

のを，n 次交代関数という：

条件1　2つの行を入れ替えると符号が変わる：

$$\delta\begin{pmatrix} \boldsymbol{a}_1 \\ \vdots \\ \boldsymbol{a}_i \\ \vdots \\ \boldsymbol{a}_j \\ \vdots \\ \boldsymbol{a}_n \end{pmatrix} = -\delta\begin{pmatrix} \boldsymbol{a}_1 \\ \vdots \\ \boldsymbol{a}_j \\ \vdots \\ \boldsymbol{a}_i \\ \vdots \\ \boldsymbol{a}_n \end{pmatrix}$$

条件2　ある行を λ 倍して得られる行列についての値は，もとの行列に対する値の λ 倍になる：

$$\delta\begin{pmatrix} \boldsymbol{a}_1 \\ \vdots \\ \lambda\boldsymbol{a}_i \\ \vdots \\ \boldsymbol{a}_n \end{pmatrix} = \lambda\cdot\delta\begin{pmatrix} \boldsymbol{a}_1 \\ \vdots \\ \boldsymbol{a}_i \\ \vdots \\ \boldsymbol{a}_n \end{pmatrix}$$

条件3　$$\delta\begin{pmatrix} \boldsymbol{a}_1 \\ \vdots \\ \boldsymbol{a}_i+\boldsymbol{a}'_i \\ \vdots \\ \boldsymbol{a}_n \end{pmatrix} = \delta\begin{pmatrix} \boldsymbol{a}_1 \\ \vdots \\ \boldsymbol{a}_i \\ \vdots \\ \boldsymbol{a}_n \end{pmatrix} + \delta\begin{pmatrix} \boldsymbol{a}_1 \\ \vdots \\ \boldsymbol{a}'_i \\ \vdots \\ \boldsymbol{a}_n \end{pmatrix}$$

n 次交代関数がさらに**正規化条件**：

$$\delta\begin{pmatrix} {}^t\boldsymbol{e}_1 \\ \vdots \\ {}^t\boldsymbol{e}_n \end{pmatrix} = 1$$

を満たすとき，$\delta(A)$ を行列 A の**行列式**といい，$|A|$ あるいは $\det A$ で表す．ここで，

$${}^t\boldsymbol{e}_i = (0, \cdots, \underset{\substack{\vee \\ i}}{1}, \cdots, 0)$$

は，左から i 番目が 1 でそれ以外は 0 となる横ベクトルである．

注意　定義において条件 1 と 2 は，基本行列を用いて，

条件 1′　$\delta(F_n(i\longleftrightarrow j)A)=-\delta(A)$
条件 2′　$\delta(F_n(i,\lambda)A)=\lambda\delta(A)$

と書き直すことができる．ここで，条件 2′ において λ は 0 であっても良い．

条件 1 より，次の補題が従う．

補題 4.1　n 個のベクトル $\{\boldsymbol{a}_1\cdots,\boldsymbol{a}_n\}$ のうち，少なくとも 2 つが一致しているとすると，

$$\delta\begin{pmatrix}\boldsymbol{a}_1\\ \vdots\\ \boldsymbol{a}_n\end{pmatrix}=0$$

となる．

証明　$\boldsymbol{a}_i=\boldsymbol{a}_j=\boldsymbol{a}$ としよう．
条件 1：

$$\delta\begin{pmatrix}\boldsymbol{a}_1\\ \vdots\\ \boldsymbol{a}_i\\ \vdots\\ \boldsymbol{a}_j\\ \vdots\\ \boldsymbol{a}_n\end{pmatrix}=-\delta\begin{pmatrix}\boldsymbol{a}_1\\ \vdots\\ \boldsymbol{a}_j\\ \vdots\\ \boldsymbol{a}_i\\ \vdots\\ \boldsymbol{a}_n\end{pmatrix}$$

に $\boldsymbol{a}_i=\boldsymbol{a}_j=\boldsymbol{a}$ を代入して，

$$\delta\begin{pmatrix}\boldsymbol{a}_1\\ \vdots\\ \boldsymbol{a}\\ \vdots\\ \boldsymbol{a}\\ \vdots\\ \boldsymbol{a}_n\end{pmatrix}=-\delta\begin{pmatrix}\boldsymbol{a}_1\\ \vdots\\ \boldsymbol{a}\\ \vdots\\ \boldsymbol{a}\\ \vdots\\ \boldsymbol{a}_n\end{pmatrix}$$

が得られる．この式から

$$\delta\begin{pmatrix}\boldsymbol{a}_1\\ \vdots\\ \boldsymbol{a}\\ \vdots\\ \boldsymbol{a}\\ \vdots\\ \boldsymbol{a}_n\end{pmatrix}=0$$

が従う． ■

補題 4.2　行列 A のある行が 0 に等しいとすると，

$$\delta(A)=0$$

となる．

証明　$\boldsymbol{a}_i=0$ とすると，

$$\delta\begin{pmatrix}\boldsymbol{a}_1\\ \vdots\\ \boldsymbol{a}_i\\ \vdots\\ \boldsymbol{a}_n\end{pmatrix}=\delta\begin{pmatrix}\boldsymbol{a}_1\\ \vdots\\ 0\cdot{}^t\boldsymbol{e}_i\\ \vdots\\ \boldsymbol{a}_n\end{pmatrix}$$

となるが，ここで条件 2 を用いると，これは

$$0\cdot\delta\begin{pmatrix} \boldsymbol{a}_1 \\ \vdots \\ {}^t\boldsymbol{e}_i \\ \vdots \\ \boldsymbol{a}_n \end{pmatrix}=0$$

により 0 となる． ■

上記の条件 1 から 3 と正規化条件を満たす関数に，2 次行列 A を代入すると，すでに学習している行列式が得られることを確認しよう．$\varDelta$ をそのような 2 次行列を変数に持つ関数とする．2 次行列 A を

$$A=\begin{pmatrix} \boldsymbol{a}_1 \\ \boldsymbol{a}_2 \end{pmatrix}=\begin{pmatrix} a_{11} & a_{12} \\ a_{21} & a_{22} \end{pmatrix}$$

と表す．ここで

$$\boldsymbol{a}_1=(a_{11},a_{12})=a_{11}{}^t\boldsymbol{e}_1+a_{12}{}^t\boldsymbol{e}_2$$

$$\boldsymbol{a}_2=(a_{21},a_{22})=a_{21}{}^t\boldsymbol{e}_1+a_{22}{}^t\boldsymbol{e}_2$$

により，

$$\varDelta(A)=\varDelta\begin{pmatrix} \boldsymbol{a}_1 \\ \boldsymbol{a}_2 \end{pmatrix}=\varDelta\begin{pmatrix} a_{11}{}^t\boldsymbol{e}_1+a_{12}{}^t\boldsymbol{e}_2 \\ \boldsymbol{a}_2 \end{pmatrix}$$

と表示すると，条件 2 と 3 から

$$\varDelta\begin{pmatrix} a_{11}{}^t\boldsymbol{e}_1+a_{12}{}^t\boldsymbol{e}_2 \\ \boldsymbol{a}_2 \end{pmatrix}=a_{11}\varDelta\begin{pmatrix} {}^t\boldsymbol{e}_1 \\ \boldsymbol{a}_2 \end{pmatrix}+a_{12}\varDelta\begin{pmatrix} {}^t\boldsymbol{e}_2 \\ \boldsymbol{a}_2 \end{pmatrix} \tag{4.1}$$

が得られる．右辺の各項について見てみよう．第 1 項は，再び条件 2,3 を用いて

$$\varDelta\begin{pmatrix} {}^t\boldsymbol{e}_1 \\ \boldsymbol{a}_2 \end{pmatrix}=\varDelta\begin{pmatrix} {}^t\boldsymbol{e}_1 \\ a_{21}{}^t\boldsymbol{e}_1+a_{22}{}^t\boldsymbol{e}_2 \end{pmatrix}=a_{21}\varDelta\begin{pmatrix} {}^t\boldsymbol{e}_1 \\ {}^t\boldsymbol{e}_1 \end{pmatrix}+a_{22}\varDelta\begin{pmatrix} {}^t\boldsymbol{e}_1 \\ {}^t\boldsymbol{e}_2 \end{pmatrix}$$

と計算され，補題 4.1 からこれの第 1 項は消える．したがって，

$$\Delta\begin{pmatrix} {}^t\boldsymbol{e}_1 \\ \boldsymbol{a}_2 \end{pmatrix} = a_{22}\Delta\begin{pmatrix} {}^t\boldsymbol{e}_1 \\ {}^t\boldsymbol{e}_2 \end{pmatrix}$$

が得られる．(4.1) 第２項についても，同様の計算から

$$\Delta\begin{pmatrix} {}^t\boldsymbol{e}_2 \\ \boldsymbol{a}_2 \end{pmatrix} = a_{21}\Delta\begin{pmatrix} {}^t\boldsymbol{e}_2 \\ {}^t\boldsymbol{e}_1 \end{pmatrix}$$

が得られる．これは，さらに条件１を用いて

$$\Delta\begin{pmatrix} {}^t\boldsymbol{e}_2 \\ \boldsymbol{a}_2 \end{pmatrix} = -a_{21}\Delta\begin{pmatrix} {}^t\boldsymbol{e}_1 \\ {}^t\boldsymbol{e}_2 \end{pmatrix}$$

と変形されるから，結局

$$\Delta(A) = (a_{11}a_{22} - a_{12}a_{21})\Delta\begin{pmatrix} {}^t\boldsymbol{e}_1 \\ {}^t\boldsymbol{e}_2 \end{pmatrix}$$

が得られた．ここで正規化条件を用いると

$$\Delta(A) = a_{11}a_{22} - a_{12}a_{21}$$

となり，$\Delta(A)$ は $|A|$ に一致することがわかった．

３次行列の行列式を計算してみよう．３次行列を

$$A = \begin{pmatrix} a_{11} & a_{12} & a_{13} \\ a_{21} & a_{22} & a_{23} \\ a_{31} & a_{32} & a_{33} \end{pmatrix}$$

と表示しておく．ここでいつものように，各行を横ベクトルを用いて

$$\boldsymbol{a}_1 = (a_{11}, a_{12}, a_{13}) = a_{11}{}^t\boldsymbol{e}_1 + a_{12}{}^t\boldsymbol{e}_2 + a_{13}{}^t\boldsymbol{e}_3$$

$$\boldsymbol{a}_2 = (a_{21}, a_{22}, a_{23}) = a_{21}{}^t\boldsymbol{e}_1 + a_{22}{}^t\boldsymbol{e}_2 + a_{23}{}^t\boldsymbol{e}_3$$

$$\boldsymbol{a}_3 = (a_{31}, a_{32}, a_{33}) = a_{31}{}^t\boldsymbol{e}_1 + a_{32}{}^t\boldsymbol{e}_2 + a_{33}{}^t\boldsymbol{e}_3$$

と表し，条件２,３を用いて第１行について展開すると

$$|A|=\begin{vmatrix} a_{11}{}^t\boldsymbol{e}_1+a_{12}{}^t\boldsymbol{e}_2+a_{13}{}^t\boldsymbol{e}_3 \\ \boldsymbol{a}_2 \\ \boldsymbol{a}_3 \end{vmatrix}$$

$$=a_{11}\begin{vmatrix} {}^t\boldsymbol{e}_1 \\ \boldsymbol{a}_2 \\ \boldsymbol{a}_3 \end{vmatrix}+a_{12}\begin{vmatrix} {}^t\boldsymbol{e}_2 \\ \boldsymbol{a}_2 \\ \boldsymbol{a}_3 \end{vmatrix}+a_{13}\begin{vmatrix} {}^t\boldsymbol{e}_3 \\ \boldsymbol{a}_2 \\ \boldsymbol{a}_3 \end{vmatrix}$$

が得られる．ここで，再び条件２,3を用いて第１項を第２行について展開すると，

$$\begin{vmatrix} {}^t\boldsymbol{e}_1 \\ \boldsymbol{a}_2 \\ \boldsymbol{a}_3 \end{vmatrix}=\begin{vmatrix} {}^t\boldsymbol{e}_1 \\ a_{21}{}^t\boldsymbol{e}_1+a_{22}{}^t\boldsymbol{e}_2+a_{23}{}^t\boldsymbol{e}_3 \\ \boldsymbol{a}_3 \end{vmatrix}$$

$$=a_{21}\begin{vmatrix} {}^t\boldsymbol{e}_1 \\ {}^t\boldsymbol{e}_1 \\ \boldsymbol{a}_3 \end{vmatrix}+a_{22}\begin{vmatrix} {}^t\boldsymbol{e}_1 \\ {}^t\boldsymbol{e}_2 \\ \boldsymbol{a}_3 \end{vmatrix}+a_{23}\begin{vmatrix} {}^t\boldsymbol{e}_1 \\ {}^t\boldsymbol{e}_3 \\ \boldsymbol{a}_3 \end{vmatrix}$$

となり，補題 4.1 より，第１項は 0 となることに注意する．第２項を条件２,3を用いて第３行について展開すると，

$$\begin{vmatrix} {}^t\boldsymbol{e}_1 \\ {}^t\boldsymbol{e}_2 \\ \boldsymbol{a}_3 \end{vmatrix}=\begin{vmatrix} {}^t\boldsymbol{e}_1 \\ {}^t\boldsymbol{e}_2 \\ a_{31}{}^t\boldsymbol{e}_1+a_{32}{}^t\boldsymbol{e}_2+a_{33}{}^t\boldsymbol{e}_3 \end{vmatrix}$$

$$=a_{31}\begin{vmatrix} {}^t\boldsymbol{e}_1 \\ {}^t\boldsymbol{e}_2 \\ {}^t\boldsymbol{e}_1 \end{vmatrix}+a_{32}\begin{vmatrix} {}^t\boldsymbol{e}_1 \\ {}^t\boldsymbol{e}_2 \\ {}^t\boldsymbol{e}_2 \end{vmatrix}+a_{33}\begin{vmatrix} {}^t\boldsymbol{e}_1 \\ {}^t\boldsymbol{e}_2 \\ {}^t\boldsymbol{e}_3 \end{vmatrix}$$

$$=a_{33}\begin{vmatrix} {}^t\boldsymbol{e}_1 \\ {}^t\boldsymbol{e}_2 \\ {}^t\boldsymbol{e}_3 \end{vmatrix}$$

と変形される．第３項についても同様に

$$\begin{vmatrix} {}^t\boldsymbol{e}_1 \\ {}^t\boldsymbol{e}_3 \\ \boldsymbol{a}_3 \end{vmatrix} = a_{32} \begin{vmatrix} {}^t\boldsymbol{e}_1 \\ {}^t\boldsymbol{e}_3 \\ {}^t\boldsymbol{e}_2 \end{vmatrix}$$

となる．以上をまとめると．

$$a_{11} \begin{vmatrix} {}^t\boldsymbol{e}_1 \\ \boldsymbol{a}_2 \\ \boldsymbol{a}_3 \end{vmatrix} = a_{11}a_{22}a_{33} \begin{vmatrix} {}^t\boldsymbol{e}_1 \\ {}^t\boldsymbol{e}_2 \\ {}^t\boldsymbol{e}_3 \end{vmatrix} + a_{11}a_{23}a_{32} \begin{vmatrix} {}^t\boldsymbol{e}_1 \\ {}^t\boldsymbol{e}_3 \\ {}^t\boldsymbol{e}_2 \end{vmatrix}$$

が得られた．同様の計算で残りの項を求めると，

$$\begin{aligned} \begin{vmatrix} \boldsymbol{a}_1 \\ \boldsymbol{a}_2 \\ \boldsymbol{a}_3 \end{vmatrix} &= a_{11}a_{22}a_{33} \begin{vmatrix} {}^t\boldsymbol{e}_1 \\ {}^t\boldsymbol{e}_2 \\ {}^t\boldsymbol{e}_3 \end{vmatrix} + a_{11}a_{23}a_{32} \begin{vmatrix} {}^t\boldsymbol{e}_1 \\ {}^t\boldsymbol{e}_3 \\ {}^t\boldsymbol{e}_2 \end{vmatrix} \\ &\quad + a_{12}a_{21}a_{33} \begin{vmatrix} {}^t\boldsymbol{e}_2 \\ {}^t\boldsymbol{e}_1 \\ {}^t\boldsymbol{e}_3 \end{vmatrix} + a_{12}a_{23}a_{31} \begin{vmatrix} {}^t\boldsymbol{e}_2 \\ {}^t\boldsymbol{e}_3 \\ {}^t\boldsymbol{e}_1 \end{vmatrix} \\ &\quad + a_{13}a_{21}a_{32} \begin{vmatrix} {}^t\boldsymbol{e}_3 \\ {}^t\boldsymbol{e}_1 \\ {}^t\boldsymbol{e}_2 \end{vmatrix} + a_{13}a_{22}a_{31} \begin{vmatrix} {}^t\boldsymbol{e}_3 \\ {}^t\boldsymbol{e}_2 \\ {}^t\boldsymbol{e}_1 \end{vmatrix} \end{aligned}$$

が得られる．ここで，

$$\left\{ \begin{vmatrix} {}^t\boldsymbol{e}_1 \\ {}^t\boldsymbol{e}_2 \\ {}^t\boldsymbol{e}_3 \end{vmatrix}, \begin{vmatrix} {}^t\boldsymbol{e}_1 \\ {}^t\boldsymbol{e}_3 \\ {}^t\boldsymbol{e}_2 \end{vmatrix}, \begin{vmatrix} {}^t\boldsymbol{e}_2 \\ {}^t\boldsymbol{e}_1 \\ {}^t\boldsymbol{e}_3 \end{vmatrix}, \begin{vmatrix} {}^t\boldsymbol{e}_2 \\ {}^t\boldsymbol{e}_3 \\ {}^t\boldsymbol{e}_1 \end{vmatrix}, \begin{vmatrix} {}^t\boldsymbol{e}_3 \\ {}^t\boldsymbol{e}_1 \\ {}^t\boldsymbol{e}_2 \end{vmatrix}, \begin{vmatrix} {}^t\boldsymbol{e}_3 \\ {}^t\boldsymbol{e}_2 \\ {}^t\boldsymbol{e}_1 \end{vmatrix} \right\}$$

は $\begin{vmatrix} {}^t\boldsymbol{e}_1 \\ {}^t\boldsymbol{e}_2 \\ {}^t\boldsymbol{e}_3 \end{vmatrix}$ の $\{{}^t\boldsymbol{e}_1, {}^t\boldsymbol{e}_2, {}^t\boldsymbol{e}_3\}$ を並べ替えたものになっていることに注意してほしい．

以下，σ を $\{1,\cdots,n\}$ の並べ替えとしたとき，

$$\sigma=(\sigma(1),\cdots,\sigma(n))$$

と表すことにする．一般に

$$\begin{vmatrix} {}^t\boldsymbol{e}_{\sigma(1)} \\ \vdots \\ {}^t\boldsymbol{e}_{\sigma(n)} \end{vmatrix}$$

を計算する方法について考察しよう．$\{{}^t\boldsymbol{e}_{\sigma(1)},\cdots,{}^t\boldsymbol{e}_{\sigma(n)}\}$ のうち，いずれかは ${}^t\boldsymbol{e}_1$ であるから，これを一番上に持って行き，このとき行った入れ替えの回数を $\varepsilon_\sigma(1)$ と書くことにする．

たとえば $\begin{vmatrix} {}^t\boldsymbol{e}_3 \\ {}^t\boldsymbol{e}_2 \\ {}^t\boldsymbol{e}_1 \end{vmatrix}$ で考察してみよう．$\boldsymbol{e}_1$ を一番上に持って行くには

$$\begin{vmatrix} {}^t\boldsymbol{e}_3 \\ {}^t\boldsymbol{e}_2 \\ {}^t\boldsymbol{e}_1 \end{vmatrix} \longrightarrow \begin{vmatrix} {}^t\boldsymbol{e}_3 \\ {}^t\boldsymbol{e}_1 \\ {}^t\boldsymbol{e}_2 \end{vmatrix} \longrightarrow \begin{vmatrix} {}^t\boldsymbol{e}_1 \\ {}^t\boldsymbol{e}_3 \\ {}^t\boldsymbol{e}_2 \end{vmatrix}$$

のように最初に ${}^t\boldsymbol{e}_1$ と ${}^t\boldsymbol{e}_2$ を入れ替え，次に ${}^t\boldsymbol{e}_1$ と ${}^t\boldsymbol{e}_3$ を入れ替えて，都合２回の入れ替えで最上段に持っていけるから $\varepsilon_{(3,2,1)}(1)=2$ となる．

一般の場合に戻る．上記の操作が完了後，第２行目以下のどれかが ${}^t\boldsymbol{e}_2$ だから，これを第２行に移す．このとき行った入れ替えの回数を $\varepsilon_\sigma(2)$ と表す．

先ほどの例では，${}^t\boldsymbol{e}_1$ を第１行に移した後の形が

$$\begin{vmatrix} {}^t\boldsymbol{e}_1 \\ {}^t\boldsymbol{e}_3 \\ {}^t\boldsymbol{e}_2 \end{vmatrix}$$

であったから ${}^t\boldsymbol{e}_2$ と ${}^t\boldsymbol{e}_3$ を入れ替えて

$$\begin{vmatrix} {}^t\boldsymbol{e}_1 \\ {}^t\boldsymbol{e}_3 \\ {}^t\boldsymbol{e}_2 \end{vmatrix} \longrightarrow \begin{vmatrix} {}^t\boldsymbol{e}_1 \\ {}^t\boldsymbol{e}_2 \\ {}^t\boldsymbol{e}_3 \end{vmatrix}$$

となるため $\varepsilon_{(3,2,1)}(2)=1$ である．

一般にはこれを繰り返し $\{\varepsilon_\sigma(1),\cdots,\varepsilon_\sigma(n)\}$ を求め，

$$\varepsilon_\sigma=\varepsilon_\sigma(1)+\cdots+\varepsilon_\sigma(n)$$

とおく．

先ほどの例では，

$$\varepsilon_{(3,2,1)}=2+1=3$$

となる．

以上の考察から

$$\begin{vmatrix} {}^t\boldsymbol{e}_{\sigma(1)} \\ \vdots \\ {}^t\boldsymbol{e}_{\sigma(n)} \end{vmatrix}$$

を求めてみよう．まず最初に $\varepsilon_\sigma(1)$ 回の入れ替えを行ったから

$$\begin{vmatrix} {}^t\boldsymbol{e}_{\sigma(1)} \\ \vdots \\ {}^t\boldsymbol{e}_{\sigma(n)} \end{vmatrix}=(-1)^{\varepsilon_\sigma(1)}\begin{vmatrix} {}^t\boldsymbol{e}_1 \\ {}^t\boldsymbol{e}_{\sigma'(2)} \\ \vdots \\ {}^t\boldsymbol{e}_{\sigma'(n)} \end{vmatrix}$$

が得られる．

われわれの例では，

$$\begin{vmatrix} {}^t\boldsymbol{e}_3 \\ {}^t\boldsymbol{e}_2 \\ {}^t\boldsymbol{e}_1 \end{vmatrix}=(-1)^{\varepsilon_{(3,2,1)}(1)}\begin{vmatrix} {}^t\boldsymbol{e}_1 \\ {}^t\boldsymbol{e}_3 \\ {}^t\boldsymbol{e}_2 \end{vmatrix}$$

である．２回目の操作で

$$\begin{vmatrix} {}^t\boldsymbol{e}_1 \\ {}^t\boldsymbol{e}_{\sigma'(2)} \\ \vdots \\ {}^t\boldsymbol{e}_{\sigma'(n)} \end{vmatrix} = (-1)^{\varepsilon_\sigma(2)} \begin{vmatrix} {}^t\boldsymbol{e}_1 \\ {}^t\boldsymbol{e}_2 \\ {}^t\boldsymbol{e}_{\sigma''(3)} \\ \vdots \\ {}^t\boldsymbol{e}_{\sigma''(n)} \end{vmatrix}$$

となり，これを繰り返していくと

$$\begin{vmatrix} {}^t\boldsymbol{e}_{\sigma(1)} \\ \vdots \\ {}^t\boldsymbol{e}_{\sigma(n)} \end{vmatrix} = (-1)^{\varepsilon_\sigma(1)} \cdots (-1)^{\varepsilon_\sigma(n)} \begin{vmatrix} {}^t\boldsymbol{e}_1 \\ \vdots \\ {}^t\boldsymbol{e}_n \end{vmatrix} = (-1)^{\varepsilon_\sigma} \begin{vmatrix} {}^t\boldsymbol{e}_1 \\ \vdots \\ {}^t\boldsymbol{e}_n \end{vmatrix} \tag{4.2}$$

が得られる．ここで正規化条件を用いると次の命題が導かれる．

命題 4.1　σ を $\{1,\cdots,n\}$ の入れ替えとすると，

$$\begin{vmatrix} {}^t\boldsymbol{e}_{\sigma(1)} \\ \vdots \\ {}^t\boldsymbol{e}_{\sigma(n)} \end{vmatrix} = (-1)^{\varepsilon_\sigma}$$

が成り立つ．

補足 4.1　正規化条件を満たすとは限らない一般の n 次交代関数 δ については，(4.2) より，$\{1,\cdots,n\}$ の入れ替え σ に対し

$$\delta\begin{pmatrix} {}^t\boldsymbol{e}_{\sigma(1)} \\ \vdots \\ {}^t\boldsymbol{e}_{\sigma(n)} \end{pmatrix} = (-1)^{\varepsilon_\sigma}\delta\begin{pmatrix} {}^t\boldsymbol{e}_1 \\ \vdots \\ {}^t\boldsymbol{e}_n \end{pmatrix}$$

が成立する（(4.2) までの計算では正規化条件は用いていないことに注意してほしい）．

この命題を $\{1,2,3\}$ の入れ替えについて適用すると，

$$\begin{vmatrix} {}^t\boldsymbol{e}_1 \\ {}^t\boldsymbol{e}_2 \\ {}^t\boldsymbol{e}_3 \end{vmatrix} = \begin{vmatrix} {}^t\boldsymbol{e}_2 \\ {}^t\boldsymbol{e}_3 \\ {}^t\boldsymbol{e}_1 \end{vmatrix} = \begin{vmatrix} {}^t\boldsymbol{e}_3 \\ {}^t\boldsymbol{e}_1 \\ {}^t\boldsymbol{e}_2 \end{vmatrix} = 1$$

$$\begin{vmatrix} {}^t\boldsymbol{e}_2 \\ {}^t\boldsymbol{e}_1 \\ {}^t\boldsymbol{e}_3 \end{vmatrix} = \begin{vmatrix} {}^t\boldsymbol{e}_3 \\ {}^t\boldsymbol{e}_2 \\ {}^t\boldsymbol{e}_1 \end{vmatrix} = \begin{vmatrix} {}^t\boldsymbol{e}_1 \\ {}^t\boldsymbol{e}_3 \\ {}^t\boldsymbol{e}_2 \end{vmatrix} = -1$$

となるから，求める行列式は

$$\begin{vmatrix} \boldsymbol{a}_1 \\ \boldsymbol{a}_2 \\ \boldsymbol{a}_3 \end{vmatrix} = a_{11}a_{22}a_{33} + a_{12}a_{23}a_{31} + a_{13}a_{21}a_{32}$$
$$-(a_{12}a_{21}a_{33} + a_{13}a_{22}a_{31} + a_{11}a_{23}a_{32})$$

σ を $\{1,2,3\}$ の入れ替えとすると，この式は $(-1)^{\varepsilon_\sigma} a_{1\sigma(1)}a_{2\sigma(2)}a_{3\sigma(3)}$ の和となっていることから

$$\sum_\sigma (-1)^{\varepsilon_\sigma} a_{1\sigma(1)}a_{2\sigma(2)}a_{3\sigma(3)}$$

と表される（ここで σ は $\{1,2,3\}$ の入れ替えすべてを動く）.

以上の計算はそのまま一般の n 次行列に対しても実行されて，次の定理が得られる.

定理 4.1

$$A = \begin{pmatrix} a_{11} & \cdots & a_{1n} \\ \vdots & \ddots & \vdots \\ a_{n1} & \cdots & a_{nn} \end{pmatrix}$$

の行列式 $|A|$ は

$$|A| = \sum_\sigma (-1)^{\varepsilon_\sigma} a_{1\sigma(1)} \cdots a_{n\sigma(n)}$$

により求められる．ここで σ は $\{1,\cdots,n\}$ のすべての入れ替えを動く.

特に３次行列

$$A=\begin{pmatrix} a_{11} & a_{12} & a_{13} \\ a_{21} & a_{22} & a_{23} \\ a_{31} & a_{32} & a_{33} \end{pmatrix}$$

の行列式：

$$|A|=a_{11}a_{22}a_{33}+a_{12}a_{23}a_{31}+a_{13}a_{21}a_{32}$$
$$-a_{12}a_{21}a_{33}-a_{13}a_{22}a_{31}-a_{11}a_{23}a_{32}$$

は次のような図を用いて見やすくすることができる．

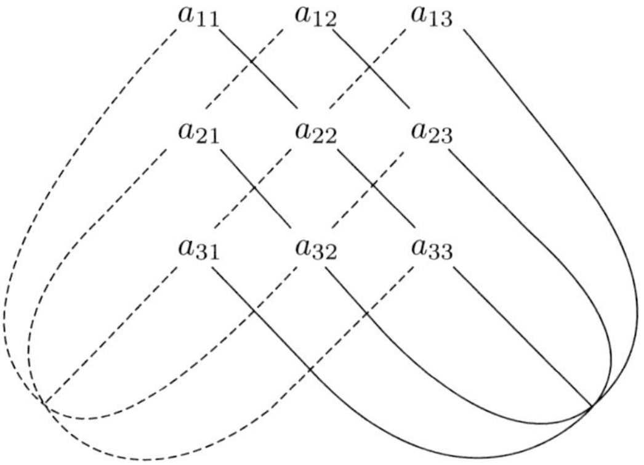

実線“—”にのっている３つの a_{ij} の積をとり，その前に＋をつけ，破線“---”にのっている３つの a_{ij} の積をとり，その前に－をつけて総和をとったものが，$|A|$ である．

定理の詳細な証明は行わないが，いままでの説明から次の手順を踏んでいけばよいことは容易に想像がつくであろう．

① 条件２, ３を用いて，行列式を各行について展開し，

$$a_{1\sigma(1)}\cdots a_{n\sigma(n)}\begin{vmatrix} {}^t\boldsymbol{e}_{\sigma(1)} \\ \vdots \\ {}^t\boldsymbol{e}_{\sigma(n)} \end{vmatrix}$$

の和で表す（ただし，この段階では $\{\sigma(1),\cdots,\sigma(n)\}$ の中に重複がある）.

② $\{\sigma(1),\cdots,\sigma(n)\}$ のなかで重複する数字が存在すれば補題 4.1 から

$$\begin{vmatrix} {}^t\boldsymbol{e}_{\sigma(1)} \\ \vdots \\ {}^t\boldsymbol{e}_{\sigma(n)} \end{vmatrix} = 0$$

となるため，1 で求めた表示からこれらをすべて取り除く．したがって $\{\sigma(1),\cdots,\sigma(n)\}$ が $\{1,\cdots,n\}$ の入れ替えになっている項のみが残る．

③ $\{\sigma(1),\cdots,\sigma(n)\}$ が $\{1,\cdots,n\}$ の入れ替えとすると，補足 4.1 から

$$\begin{vmatrix} {}^t\boldsymbol{e}_{\sigma(1)} \\ \vdots \\ {}^t\boldsymbol{e}_{\sigma(n)} \end{vmatrix} = (-1)^{\varepsilon_\sigma} \begin{vmatrix} {}^t\boldsymbol{e}_1 \\ \vdots \\ {}^t\boldsymbol{e}_n \end{vmatrix}$$

が従うから，

$$\begin{vmatrix} a_{11} & \cdots & a_{1n} \\ \vdots & \ddots & \vdots \\ a_{n1} & \cdots & a_{nn} \end{vmatrix} = \sum_\sigma (-1)^{\varepsilon_\sigma} a_{1\sigma(1)} \cdots a_{n\sigma(n)} \begin{vmatrix} {}^t\boldsymbol{e}_1 \\ \vdots \\ {}^t\boldsymbol{e}_n \end{vmatrix}$$

が得られる．

④ 正規化条件より，

$$\begin{vmatrix} {}^t\boldsymbol{e}_1 \\ \vdots \\ {}^t\boldsymbol{e}_n \end{vmatrix} = 1$$

であったから結局

$$|A| = \sum_\sigma (-1)^{\varepsilon_\sigma} a_{1\sigma(1)} \cdots a_{n\sigma(n)}$$

が得られる．

ここで 正規化条件を用いたのは最後のステップのみなので，一般の n 次交代関数 δ については，ステップ①から③までの計算が実行されて

$$\delta(A)=\sum_{\sigma}(-1)^{\varepsilon_\sigma}a_{1\sigma(1)}\cdots a_{n\sigma(n)}\delta(I_n)$$

が得られる．ここで

$$\begin{pmatrix} {}^t\boldsymbol{e}_1 \\ \vdots \\ {}^t\boldsymbol{e}_n \end{pmatrix}=I_n$$

は n 次単位行列である．以上の考察より次の定理が示された．

定理 4.2　δ を n 次交代関数とすると，n 次行列 A に対し

$$\delta(A)=|A|\cdot\delta(I_n)$$

が成り立つ．

例として基本行列の行列式を計算しよう．

[例 4.1]

(i)　基本行列 1 の $F_n(i\longleftrightarrow j)$ は n 次単位行列 I_n の第 i 行と第 j 行とを入れ替えたものだから，条件 1 と正規化条件より，

$$|F_n(i\longleftrightarrow j)|=-1$$

が得られる．

(ii)　基本行列 2 の $F_n(i,\lambda)$ は I_n の第 i 行を λ 倍したものだから，条件 2 と正規化条件より

$$|F_n(i,\lambda)|=\lambda$$

となる．

(iii)　基本行列 3 の $F_n(i\xrightarrow{\lambda}j)$ は，I_n の第 i 行を λ 倍して第 j 行に加えたものだから，

$$F_n(i \xrightarrow{\lambda} j) = \begin{pmatrix} \boldsymbol{e}_1 \\ \vdots \\ \boldsymbol{e}_i \\ \vdots \\ \boldsymbol{e}_j + \lambda \boldsymbol{e}_i \\ \vdots \\ \boldsymbol{e}_n \end{pmatrix}$$

と表される．条件 2,3 を用いて第 j 行について展開すると

$$|F_n(i \xrightarrow{\lambda} j)| = \begin{vmatrix} \boldsymbol{e}_1 \\ \vdots \\ \boldsymbol{e}_i \\ \vdots \\ \boldsymbol{e}_j \\ \vdots \\ \boldsymbol{e}_n \end{vmatrix} + \lambda \begin{vmatrix} \boldsymbol{e}_1 \\ \vdots \\ \boldsymbol{e}_i \\ \vdots \\ \boldsymbol{e}_i \\ \vdots \\ \boldsymbol{e}_n \end{vmatrix}$$

となる．ここで補題 4.1 より，第 2 項は 0 となるから正規化条件を用いて

$$|F_n(i \xrightarrow{\lambda} j)| = \begin{vmatrix} \boldsymbol{e}_1 \\ \vdots \\ \boldsymbol{e}_i \\ \vdots \\ \boldsymbol{e}_j \\ \vdots \\ \boldsymbol{e}_n \end{vmatrix} = 1$$

が得られる．

4.2 公式と行列式の計算方法

行列式以外の n 次交代関数の例を挙げよう．n 次行列 B を固定し，n 次行列 X を変数に持つ関数 $\mathit{\Delta}_B(X)$ を

$$\mathit{\Delta}_B(X) = |XB|$$

により定義する．このとき $\varDelta_B(X)$ は交代関数になることを確かめよう．そのためには，補題 4.1 の直前の注意から３つの式：

(ｉ) $\varDelta_B(F_n(i\longleftrightarrow j)X)=-\varDelta_B(X)$

(ii) $\varDelta_B(F_n(i,\lambda)X)=\lambda\varDelta_B(X)$

(iii) $\varDelta_B\begin{pmatrix}\boldsymbol{x}_1\\ \vdots\\ \boldsymbol{x}_i+\boldsymbol{x}'_i\\ \vdots\\ \boldsymbol{x}_n\end{pmatrix}=\varDelta_B\begin{pmatrix}\boldsymbol{x}_1\\ \vdots\\ \boldsymbol{x}_i\\ \vdots\\ \boldsymbol{x}_n\end{pmatrix}+\varDelta_B\begin{pmatrix}\boldsymbol{x}_1\\ \vdots\\ \boldsymbol{x}'_i\\ \vdots\\ \boldsymbol{x}_n\end{pmatrix}$

が満たされることを見ればよい．(i) については，行列の積の結合法則と行列式の条件 1 を用いて

$$\begin{aligned}\varDelta_B(F_n(i\longleftrightarrow j)X)&=|(F_n(i\longleftrightarrow j)X)B|\\&=|F_n(i\longleftrightarrow j)(XB)|\\&=-|XB|\\&=-\varDelta_B(X)\end{aligned}$$

となることから確認できる．(ii) についても同様に

$$\begin{aligned}\varDelta_B(F_n(i,\lambda)X)&=|(F_n(i,\lambda)X)B|\\&=|F_n(i,\lambda)(XB)|\\&=\lambda|XB|\\&=\lambda\varDelta_B(X)\end{aligned}$$

と確認される．(iii) について考察しよう．B を

$$B=(\boldsymbol{b}_1,\cdots,\boldsymbol{b}_n),\qquad \boldsymbol{b}_i=\begin{pmatrix}b_{1i}\\ \vdots\\ b_{ni}\end{pmatrix}$$

と縦ベクトルを用いて表示すると，1.3 節で説明したように

$$\begin{pmatrix} \boldsymbol{x}_1 \\ \vdots \\ \boldsymbol{x}_i+\boldsymbol{x}'_i \\ \vdots \\ \boldsymbol{x}_n \end{pmatrix} B = \begin{pmatrix} \boldsymbol{x}_1\cdot\boldsymbol{b}_1 & \cdots & \boldsymbol{x}_1\cdot\boldsymbol{b}_n \\ \vdots & & \vdots \\ (\boldsymbol{x}_i+\boldsymbol{x}'_i)\cdot\boldsymbol{b}_1 & \cdots & (\boldsymbol{x}_i+\boldsymbol{x}'_i)\cdot\boldsymbol{b}_n \\ \vdots & & \vdots \\ \boldsymbol{x}_n\cdot\boldsymbol{b}_1 & \cdots & \boldsymbol{x}_n\cdot\boldsymbol{b}_n \end{pmatrix}$$

となる．これを $\varDelta_B$ に代入すると，行列式の条件 3 を用いて

$$\begin{aligned}
\varDelta_B\begin{pmatrix} \boldsymbol{x}_1 \\ \vdots \\ \boldsymbol{x}_i+\boldsymbol{x}'_i \\ \vdots \\ \boldsymbol{x}_n \end{pmatrix} &= \left|\begin{pmatrix} \boldsymbol{x}_1 \\ \vdots \\ \boldsymbol{x}_i+\boldsymbol{x}'_i \\ \vdots \\ \boldsymbol{x}_n \end{pmatrix} B\right| \\
&= \begin{vmatrix} \boldsymbol{x}_1\cdot\boldsymbol{b}_1 & \cdots & \boldsymbol{x}_1\cdot\boldsymbol{b}_n \\ \vdots & & \vdots \\ (\boldsymbol{x}_i+\boldsymbol{x}'_i)\cdot\boldsymbol{b}_1 & \cdots & (\boldsymbol{x}_i+\boldsymbol{x}'_i)\cdot\boldsymbol{b}_n \\ \vdots & & \vdots \\ \boldsymbol{x}_n\cdot\boldsymbol{b}_1 & \cdots & \boldsymbol{x}_n\cdot\boldsymbol{b}_n \end{vmatrix} \\
&= \begin{vmatrix} \boldsymbol{x}_1\cdot\boldsymbol{b}_1 & \cdots & \boldsymbol{x}_1\cdot\boldsymbol{b}_n \\ \vdots & & \vdots \\ \boldsymbol{x}_i\cdot\boldsymbol{b}_1 & \cdots & \boldsymbol{x}_i\cdot\boldsymbol{b}_n \\ \vdots & & \vdots \\ \boldsymbol{x}_n\cdot\boldsymbol{b}_1 & \cdots & \boldsymbol{x}_n\cdot\boldsymbol{b}_n \end{vmatrix} + \begin{vmatrix} \boldsymbol{x}_1\cdot\boldsymbol{b}_1 & \cdots & \boldsymbol{x}_1\cdot\boldsymbol{b}_n \\ \vdots & & \vdots \\ \boldsymbol{x}'_i\cdot\boldsymbol{b}_1 & \cdots & \boldsymbol{x}'_i\cdot\boldsymbol{b}_n \\ \vdots & & \vdots \\ \boldsymbol{x}_n\cdot\boldsymbol{b}_1 & \cdots & \boldsymbol{x}_n\cdot\boldsymbol{b}_n \end{vmatrix} \\
&= \varDelta_B\begin{pmatrix} \boldsymbol{x}_1 \\ \vdots \\ \boldsymbol{x}_i \\ \vdots \\ \boldsymbol{x}_n \end{pmatrix} + \varDelta_B\begin{pmatrix} \boldsymbol{x}_1 \\ \vdots \\ \boldsymbol{x}'_i \\ \vdots \\ \boldsymbol{x}_n \end{pmatrix}
\end{aligned}$$

となるから最後の式も確認された．ここで定理 4.2 を用いると

$$\varDelta_B(X) = |X|\cdot\varDelta_B(I_n)$$

が得られるが，

$$\Delta_B(I_n)=|I_n\cdot B|=|B|$$

より

$$\Delta_B(X)=|X|\cdot|B|$$

つまり，

$$|XB|=|X|\cdot|B|$$

が得られる．この式を定理にまとめておこう．

定理 4.3　n 次行列 A と B に対し，

$$|AB|=|A|\cdot|B|$$

が成り立つ．

定理 4.3 から基本変形 3 (p.37) は行列式を変えないことがわかる．実際，n 次行列 X の第 i 行を λ 倍して第 j 行に加えて得られる行列は $F_n(i\xrightarrow{\lambda}j)X$ となった．定理 4.3 より，この行列の行列式は

$$|F_n(i\xrightarrow{\lambda}j)X|=|F_n(i\xrightarrow{\lambda}j)|\cdot|X|$$

となり，例 4.1 ですでに見たように

$$|F_n(i\xrightarrow{\lambda}j)|=1$$

であったから，$F_n(i\xrightarrow{\lambda}j)X$ の行列式は X の行列式に等しいことがわかる．

また定理 4.3 は，行列式を求める有効な手段を提供してくれる．以下，それを説明しよう．

n 次行列 A に基本変形 $\mathcal{F}_i$ を繰り返し行い，ガウス行列 Γ に変形することができた．基本変形 $\mathcal{F}_i$ を表す行列を F_i と書くと，この事実は

$$F_n\cdots F_1\cdot A=\Gamma$$

と表せることはすでに見たとおりである．これに，定理 4.3 を用いることにより，

$$|F_n|\cdots|F_1|\cdot|A|=|\Gamma| \tag{4.3}$$

が得られる．ここでガウス行列 Γ の行列式について考察しよう．A の階数が n より小さいと，ガウス行列の第 n 行は 0 になったから，補題 4.2 より，

$$|\Gamma|=0$$

となる．A の階数が n に等しい場合は，ガウス行列は

$$\Gamma=\begin{pmatrix} 1 & * & \cdots & * \\ 0 & 1 & \cdots & * \\ \vdots & \vdots & \ddots & \vdots \\ 0 & 0 & \cdots & 1 \end{pmatrix}$$

の形を取る．第 n 行を何倍かして上の行に加えることにより，第 n 列を 0 にすることができる：

$$\Gamma'=\begin{pmatrix} 1 & * & \cdots & * & * & 0 \\ 0 & 1 & \cdots & * & * & 0 \\ 0 & 0 & 1 & \cdots & * & 0 \\ \vdots & \vdots & \ddots & \vdots & \vdots & \vdots \\ 0 & 0 & \cdots & 0 & 1 & 0 \\ 0 & 0 & \cdots & 0 & 0 & 1 \end{pmatrix}$$

次に第 $n-1$ 行を何倍かして上の行に加えることにより，第 $n-1$ 列を 0 にすることができる：

$$\Gamma''=\begin{pmatrix} 1 & * & \cdots & * & 0 & 0 \\ 0 & 1 & \cdots & * & 0 & 0 \\ 0 & 0 & 1 & \cdots & 0 & 0 \\ \vdots & \vdots & \ddots & \vdots & \vdots & \vdots \\ 0 & 0 & \cdots & 0 & 1 & 0 \\ 0 & 0 & \cdots & 0 & 0 & 1 \end{pmatrix}$$

このように基本変形３のみを Γ に施して単位行列 I_n に変形することができる：

$$F_n(i_1 \xrightarrow{\lambda_1} j_1)\cdots F_n(i_n \xrightarrow{\lambda_n} j_n)\ \Gamma=I_n.$$

基本変形３は行列式を変えなかったから

$$|\Gamma|=|I_n|=1$$

が得られる．したがって (4.3) から

$$|A|=\frac{1}{|F_n|\cdots|F_1|}$$

となる．ここで，ε を基本変形１を行った回数とし，$\lambda_1,\cdots,\lambda_l$ を基本変形２を実行する際に，ある行に掛けた数とすると，例 4.1 を用いて

$$|A|=\frac{(-1)^{\varepsilon}}{\lambda_1\cdots\lambda_l}$$

が得られる．これらの考察を定理にまとめておく．

定理 4.4　n 次行列 A の階数が n より小さいことと，$|A|=0$ とは同値である．また，n 次行列 A の階数が n に等しい場合は，その行列式は

$$|A|=\frac{(-1)^{\varepsilon}}{\lambda_1\cdots\lambda_l}$$

により求められる．ここで，ε は A に基本変形を施して，ガウス行列に変形する過程で，基本変形１を行った回数であり，また $\lambda_1,\cdots,\lambda_l$ は，基本変形２を行う際にある行に掛けた数である．

この定理と定理 2.1 および定理 3.1 から次の有用な事実が得られる．

系 4.1　n 次行列 A について次の４つの事実は同値である：

(i)　A の階数は n に等しい．
(ii)　連立１次方程式 $A\boldsymbol{x}=\boldsymbol{0}$ の解は $\boldsymbol{x}=\boldsymbol{0}$ のみである．
(iii)　A の行列式 $|A|$ は 0 でない．
(iv)　A は逆行列を持つ．

次に具体的に例で，行列式の求め方を解説しよう．

[例 **4.2**]

$$A=\begin{pmatrix} 1 & 2 & 1 \\ 2 & 1 & 0 \\ 2 & 2 & 2 \end{pmatrix}$$

の行列式を求めてみよう．そのために，この行列を基本変形によりガウス行列 Γ に変形する．

① 第３行に $\dfrac{1}{2}$ を掛ける：

$$A=\begin{pmatrix} 1 & 2 & 1 \\ 2 & 1 & 0 \\ 2 & 2 & 2 \end{pmatrix} \longrightarrow \begin{pmatrix} 1 & 2 & 1 \\ 2 & 1 & 0 \\ 1 & 1 & 1 \end{pmatrix}$$

② 第１行と第３行を入れ替える：

$$\begin{pmatrix} 1 & 2 & 1 \\ 2 & 1 & 0 \\ 1 & 1 & 1 \end{pmatrix} \longrightarrow \begin{pmatrix} 1 & 1 & 1 \\ 2 & 1 & 0 \\ 1 & 2 & 1 \end{pmatrix}$$

③ 第１行を (-2) 倍して，第２行に加える：

$$\begin{pmatrix} 1 & 1 & 1 \\ 2 & 1 & 0 \\ 1 & 2 & 1 \end{pmatrix} \longrightarrow \begin{pmatrix} 1 & 1 & 1 \\ 0 & -1 & -2 \\ 1 & 2 & 1 \end{pmatrix}$$

④ 第１行を (-1) 倍して，第３行に加える：

$$\begin{pmatrix} 1 & 1 & 1 \\ 0 & -1 & -2 \\ 1 & 2 & 1 \end{pmatrix} \longrightarrow \begin{pmatrix} 1 & 1 & 1 \\ 0 & -1 & -2 \\ 0 & 1 & 0 \end{pmatrix}$$

⑤ 第２行と第３行を入れ替える：

$$\begin{pmatrix} 1 & 1 & 1 \\ 0 & -1 & -2 \\ 0 & 1 & 0 \end{pmatrix} \longrightarrow \begin{pmatrix} 1 & 1 & 1 \\ 0 & 1 & 0 \\ 0 & -1 & -2 \end{pmatrix}$$

⑥　第２行を第３行に加える：

$$\begin{pmatrix} 1 & 1 & 1 \\ 0 & 1 & 0 \\ 0 & -1 & -2 \end{pmatrix} \longrightarrow \begin{pmatrix} 1 & 1 & 1 \\ 0 & 1 & 0 \\ 0 & 0 & -2 \end{pmatrix}$$

⑦　第３行に$\left(-\frac{1}{2}\right)$を掛ける：

$$\begin{pmatrix} 1 & 1 & 1 \\ 0 & 1 & 0 \\ 0 & 0 & -2 \end{pmatrix} \longrightarrow \varGamma = \begin{pmatrix} 1 & 1 & 1 \\ 0 & 1 & 0 \\ 0 & 0 & 1 \end{pmatrix}$$

以上の変形で，基本変形１は②,⑤の２回行った．また，基本変形２は①と⑦で行い，それぞれ掛けた数は $\frac{1}{2}$, $-\frac{1}{2}$ であるから，定理 4.4 より A の行列式は

$$|A| = \frac{(-1)^2}{\left(\frac{1}{2}\right)\left(-\frac{1}{2}\right)} = -4$$

と求められる．

この計算方法は行列 A が，

$$A = \begin{pmatrix} A_1 & & * \\ & \ddots & \\ 0 & & A_k \end{pmatrix}$$

のように，対角線上に i_m 次行列 A_m が並び，その下は 0 という形をとるとき，より簡単になる．A_1, A_2 は２次行列として

$$A=\begin{pmatrix} A_1 & * \\ 0 & A_2 \end{pmatrix}$$

のときを例にとって説明しよう．

[例 4.3]

$$A=\begin{pmatrix} 1 & 2 & 2 & 3 \\ 1 & 1 & 1 & 2 \\ 0 & 0 & 2 & -2 \\ 0 & 0 & 1 & 0 \end{pmatrix}$$

に対して

$$A_1=\begin{pmatrix} 1 & 2 \\ 1 & 1 \end{pmatrix}, \quad A_2=\begin{pmatrix} 2 & -2 \\ 1 & 0 \end{pmatrix}$$

とおく．

（i） A の第 3 行および第 4 行からなる下半分

$$(0\,A_2)=\begin{pmatrix} 0 & 0 & 2 & -2 \\ 0 & 0 & 1 & 0 \end{pmatrix}$$

に注目する．この行列の第 1 列と第 2 列から形成される 0 行列はいかなる基本変形を行っても変わらないから，右半分の 2 次行列：

$$A_2=\begin{pmatrix} 2 & -2 \\ 1 & 0 \end{pmatrix}$$

に基本変形を行ってガウス行列 Γ_2 に変形することを考えよう．まず，第 1 行と第 2 行とを入れ替えて

$$A_2=\begin{pmatrix} 2 & -2 \\ 1 & 0 \end{pmatrix} \longrightarrow \begin{pmatrix} 1 & 0 \\ 2 & -2 \end{pmatrix}$$

と変形し，第 1 行を (-2) 倍して第 2 行に加えると

$$\begin{pmatrix} 1 & 0 \\ 2 & -2 \end{pmatrix} \longrightarrow \begin{pmatrix} 1 & 0 \\ 0 & -2 \end{pmatrix}$$

となる．最後に第 2 行を $\left(-\dfrac{1}{2}\right)$ 倍してガウス行列が得られる：

$$\begin{pmatrix} 1 & 0 \\ 0 & -2 \end{pmatrix} \longrightarrow \Gamma_2 = \begin{pmatrix} 1 & 0 \\ 0 & 1 \end{pmatrix}$$

これらの変形はもとの 4 次行列 A でみると次のようになる．

まず第 3 行と第 4 行とを入れ替えて：

$$A = \begin{pmatrix} 1 & 2 & 2 & 3 \\ 1 & 1 & 1 & 2 \\ 0 & 0 & \boxed{2} & \boxed{-2} \\ 0 & 0 & \boxed{1} & \boxed{0} \end{pmatrix} \longrightarrow \begin{pmatrix} 1 & 2 & 2 & 3 \\ 1 & 1 & 1 & 2 \\ 0 & 0 & \boxed{1} & \boxed{0} \\ 0 & 0 & \boxed{2} & \boxed{-2} \end{pmatrix}$$

第 3 行を (−2) 倍して，第 4 行に加える：

$$\begin{pmatrix} 1 & 2 & 2 & 3 \\ 1 & 1 & 1 & 2 \\ 0 & 0 & \boxed{1} & \boxed{0} \\ 0 & 0 & \boxed{2} & \boxed{-2} \end{pmatrix} \longrightarrow \begin{pmatrix} 1 & 2 & 2 & 3 \\ 1 & 1 & 1 & 2 \\ 0 & 0 & \boxed{1} & \boxed{0} \\ 0 & 0 & \boxed{0} & \boxed{-2} \end{pmatrix}$$

最後に第 4 行に $\left(-\dfrac{1}{2}\right)$ を掛ける：

$$\begin{pmatrix} 1 & 2 & 2 & 3 \\ 1 & 1 & 1 & 2 \\ 0 & 0 & \boxed{1} & \boxed{0} \\ 0 & 0 & \boxed{0} & \boxed{-2} \end{pmatrix} \longrightarrow \begin{pmatrix} 1 & 2 & 2 & 3 \\ 1 & 1 & 1 & 2 \\ 0 & 0 & \boxed{1} & \boxed{0} \\ 0 & 0 & \boxed{0} & \boxed{1} \end{pmatrix}$$

ここで，先ほどの変形は右下の □ で囲った部分の変形に一致していることに注意してほしい．

さて，一般にもし $r(A_2) < 2$ とすると Γ_2 の第 2 行は 0 となり，特に $r(A) < 4$ となるから系 4.1 より

$$|A| = 0$$

となる．以下

$$r(A_2)=2$$

と仮定する．

現在，計算している例はこの仮定を満たしている．

(ii)　第3行ならびに第4行を何倍かして，第1行と第2行に加えることにより A_1 を変形せずに，右上を0にすることができる．

$$\begin{pmatrix} 1 & 2 & 2 & 3 \\ 1 & 1 & 1 & 2 \\ 0 & 0 & 1 & 0 \\ 0 & 0 & 0 & 1 \end{pmatrix} \longrightarrow \begin{pmatrix} 1 & 2 & 0 & 0 \\ 1 & 1 & 0 & 0 \\ 0 & 0 & 1 & 0 \\ 0 & 0 & 0 & 1 \end{pmatrix}$$

ここで行った操作は基本変形3なので行列式を変えないことに注意する．

(iii)　A_1 に基本変形を行ってガウス行列 $\varGamma_1$ に変形しよう：

$$\begin{pmatrix} 1 & 2 & 0 & 0 \\ 1 & 1 & 0 & 0 \\ 0 & 0 & 1 & 0 \\ 0 & 0 & 0 & 1 \end{pmatrix} \longrightarrow \begin{pmatrix} 1 & 1 & 0 & 0 \\ 1 & 2 & 0 & 0 \\ 0 & 0 & 1 & 0 \\ 0 & 0 & 0 & 1 \end{pmatrix} \longrightarrow \begin{pmatrix} 1 & 1 & 0 & 0 \\ 0 & 1 & 0 & 0 \\ 0 & 0 & 1 & 0 \\ 0 & 0 & 0 & 1 \end{pmatrix}$$

ここではまず第1行と第2行を入れ替えて，第1行を (-1) 倍し第2行に加えた．

以上をまとめてみよう．まず A が

$$A=\begin{pmatrix} A_1 & * \\ 0 & A_2 \end{pmatrix}$$

の形をしているとする．

(i)　A_2 に注目し，A_2 に基本変形を行ってガウス行列 $\varGamma_2$ に変形する．このとき，もし $r(A_2)<2$ とすると $|A|=0$ となる．また $r(A_2)=2$ のときは，基本変形1を行った回数を $\varepsilon(A_2)$, 基本変形2に用いた数を

$$\alpha_1,\cdots,\alpha_p$$

として，A_2 の行列式は定理4.4から

$$|A_2|=\frac{(-1)^{\varepsilon(A_2)}}{\alpha_1\cdots\alpha_p}$$

と求められる．またガウス行列は

$$\Gamma_2=\begin{pmatrix}1 & * \\ 0 & 1\end{pmatrix}$$

という形になる．

(ii) 基本変形３により右上を消す：

$$\begin{pmatrix}A_1 & * \\ 0 & \Gamma_2\end{pmatrix}\longrightarrow\begin{pmatrix}A_1 & 0 \\ 0 & I_2\end{pmatrix}$$

このとき，この操作により行列式および A_1 は変わらないことに注意する．

(iii) A_1 に基本変形を行ってガウス行列 Γ_1 に変形する：

$$\begin{pmatrix}A_1 & 0 \\ 0 & I_2\end{pmatrix}\longrightarrow\Gamma=\begin{pmatrix}\Gamma_1 & 0 \\ 0 & I_2\end{pmatrix}$$

もし $r(A_1)<2$ とすると，Γ_1 の第２行は 0 になり，特に $r(A)<4$ となるから，系 4.1 より $|A|=0$ が得られる．$r(A_1)=2$ としよう．基本変形１を行った回数を $\varepsilon(A_1)$, 基本変形２に用いた数を

$$\beta_1,\cdots,\beta_q$$

とすると，定理 4.4 から

$$|A_1|=\frac{(-1)^{\varepsilon(A_1)}}{\beta_1\cdots\beta_q}$$

が成り立つ．

(iv) したがって，$r(A_1)=r(A_2)=2$ のときは A の行列式は定理 4.4 から，

$$|A|=\frac{(-1)^{\varepsilon(A_2)}(-1)^{\varepsilon(A_1)}}{\alpha_1\cdots\alpha_p\beta_1\cdots\beta_q}=|A_1|\cdot|A_2|$$

と求められる．

先ほどの例では

$$\varepsilon(A_1)=\varepsilon(A_2)=1, \qquad \alpha_1=-\frac{1}{2}$$

となり，

$$|A|=\frac{(-1)(-1)}{-\dfrac{1}{2}}=-2$$

と A の行列式が求められる（A_1 に対して基本変形２は用いなかったので，β_i は現れない）.

議論の結論は次のようになる：

(a) $|A_1|=0$ あるいは $|A_2|=0$ ならば $|A|=0$ となる.

(b) $|A_1|\cdot|A_2|\neq 0$ ならば $|A|=|A_1|\cdot|A_2|$ が成り立つ.

これらは,

$$|A|=|A_1|\cdot|A_2|$$

とひとつにまとめることができる．以上の計算方法は一般の行列に対しても有効である．それを定理にまとめておく.

定理 4.5　n 次行列 A が

$$A=\begin{pmatrix} A_1 & & * \\ & \ddots & \\ 0 & & A_k \end{pmatrix}$$

のように，対角線上に i_m 次行列 A_m が並び，その下は 0 という形を取るとすると

$$|A|=|A_1|\cdots|A_k|$$

が成り立つ.

系 4.2　n 次行列 A が

$$A=\begin{pmatrix} a_{11} & * \\ 0 & A' \end{pmatrix}$$

という形を取るとする．ここで a_{11} は数で，A' は $n-1$ 次行列である．すると

$$|A|=a_{11}|A'|$$

が成り立つ．

4.3 転置行列の行列式

２次行列

$$A=\begin{pmatrix} a_{11} & a_{12} \\ a_{21} & a_{22} \end{pmatrix}$$

とその転置行列

$${}^tA=\begin{pmatrix} a_{11} & a_{21} \\ a_{12} & a_{22} \end{pmatrix}$$

の行列式は単純な計算により一致することがわかる：

$$|A|=a_{11}a_{22}-a_{12}a_{21}=|{}^tA|$$

この事実は一般の n 次行列 A でも成立する．

定理 4.6 n 次行列 A に対し

$$|A|=|{}^tA|$$

が成り立つ．

以下，この定理が成立する理由について説明しよう．まず，準備として n 文字の入れ替えについて考察する．そのためには，n 文字の入れ替えを，1 から n までの番号のついたカードを縦に並べたものと見るのが便利である．

$$\begin{bmatrix} 1 \\ \vdots \\ n \end{bmatrix}$$

でカードを上から番号順に並べた状態を表し，さらにこれに並べ替え $(i_1,\cdots,i_n)$ を行ったカードの配列を：

$$\begin{bmatrix} i_1 \\ \vdots \\ i_n \end{bmatrix}$$

と表す.

$\tau_{k,k+1}$ により，上から k 番目と $k+1$ 番目のカードを入れ替える操作を表すことにする：

$$\begin{bmatrix} i_1 \\ \vdots \\ i_k \\ i_{k+1} \\ \vdots \\ i_n \end{bmatrix} \xrightarrow{\tau_{k,k+1}} \begin{bmatrix} i_1 \\ \vdots \\ i_{k+1} \\ i_k \\ \vdots \\ i_n \end{bmatrix}$$

σ という並べ替えにたいし，並べ替えた状態を元に戻す操作を σ^{-1} と書くことにする．たとえば,

$$\begin{bmatrix} 1 \\ 2 \\ 3 \end{bmatrix} \xrightarrow{\sigma} \begin{bmatrix} 2 \\ 3 \\ 1 \end{bmatrix}$$

に対しては,

$$\begin{bmatrix} 2 \\ 3 \\ 1 \end{bmatrix} \xrightarrow{\sigma^{-1}} \begin{bmatrix} 1 \\ 2 \\ 3 \end{bmatrix}$$

となる．カードをそのままにしておくのも一つの操作とみなして 1 と表す：

$$\begin{bmatrix} 1 \\ \vdots \\ n \end{bmatrix} \xrightarrow{1} \begin{bmatrix} 1 \\ \vdots \\ n \end{bmatrix}$$

並べ替え σ の後に続けて並べ替え σ' を実行することを $\sigma' \circ \sigma$ により表す．定義から明らかに

$$\sigma^{-1} \circ \sigma = \sigma \circ \sigma^{-1} = 1 \tag{4.4}$$

が成り立つ．また，上から数えて k 番目のカードと $k+1$ 番目のカードを入れ替えるという操作を 2 回繰り返すと元に戻るから，

$$\tau_{k,k+1} \circ \tau_{k,k+1} = 1 \tag{4.5}$$

となる．

いま，並べ替え σ を $\begin{bmatrix} 1 \\ \vdots \\ n \end{bmatrix}$ に行って $\begin{bmatrix} i_1 \\ \vdots \\ i_n \end{bmatrix}$ となったとしよう：

$$\sigma \begin{bmatrix} 1 \\ \vdots \\ n \end{bmatrix} = \begin{bmatrix} i_1 \\ \vdots \\ i_n \end{bmatrix}$$

ここでカード [1] を一番上に持って行き

$$\begin{bmatrix} 1 \\ i'_2 \\ \vdots \\ i'_n \end{bmatrix}$$

とする．この操作は，カード [1] とその上のカードとを入れ替える操作の繰り返しで得られることに注意しよう．たとえば $\begin{bmatrix} 2 \\ 3 \\ 1 \end{bmatrix}$ において [1] を一番上に持っていくと $\begin{bmatrix} 1 \\ 2 \\ 3 \end{bmatrix}$ となるが，これは

$$\begin{bmatrix} 2 \\ 3 \\ 1 \end{bmatrix} \xrightarrow{\tau_{23}} \begin{bmatrix} 2 \\ 1 \\ 3 \end{bmatrix} \xrightarrow{\tau_{12}} \begin{bmatrix} 1 \\ 2 \\ 3 \end{bmatrix} \tag{4.6}$$

のようにして得られる．$i'_2, \cdots, i'_n$ のうちのいずれかは 2 であるから，カード [2] とその上のカードを入れ替えて [1] の下にもっていく：

$$\begin{bmatrix} 1 \\ i'_2 \\ \vdots \\ i'_n \end{bmatrix} \longrightarrow \begin{bmatrix} 1 \\ 2 \\ i''_3 \\ \vdots \\ i''_n \end{bmatrix}$$

これを繰り返すと，$\sigma \begin{bmatrix} 1 \\ \vdots \\ n \end{bmatrix} = \begin{bmatrix} i_1 \\ \vdots \\ i_n \end{bmatrix}$ は上下に隣接する 2 枚のカードの入れ替えを p 回行って $\begin{bmatrix} 1 \\ \vdots \\ n \end{bmatrix}$ と並べ替えることができる：

$$\tau_{k_1, k_1+1} \circ \cdots \circ \tau_{k_p, k_p+1} \circ \sigma \begin{bmatrix} 1 \\ \vdots \\ n \end{bmatrix} = \begin{bmatrix} 1 \\ \vdots \\ n \end{bmatrix}.$$

このとき

$$\varepsilon_\sigma = p \tag{4.7}$$

となることに注意しよう．実際，ベクトル $\boldsymbol{e}_i$ の番号 "i" の動き方に注目すれば，両者が一致することがわかる．この式を (4.4) と比較すると

$$\sigma^{-1} = \tau_{k_1,k_1+1} \circ \cdots \circ \tau_{k_p,k_p+1}$$

がわかる．

[例 4.4] $\begin{bmatrix} 1 \\ 2 \\ 3 \end{bmatrix}$ を $\begin{bmatrix} 2 \\ 3 \\ 1 \end{bmatrix}$ に並べ替える操作を σ とする：

$$\sigma \begin{bmatrix} 1 \\ 2 \\ 3 \end{bmatrix} = \begin{bmatrix} 2 \\ 3 \\ 1 \end{bmatrix}.$$

このとき σ^{-1} は $\begin{bmatrix} 2 \\ 3 \\ 1 \end{bmatrix}$ を $\begin{bmatrix} 1 \\ 2 \\ 3 \end{bmatrix}$ に戻す操作となるが，それは (4.6) から

$$\sigma^{-1} = \tau_{12} \circ \tau_{23}$$

となる．

さて定理 4.6 の証明を行うことにする．(4.5) から

$$\begin{aligned} \tau_{k_1,k_1+1} \circ \sigma^{-1} \begin{bmatrix} 1 \\ \vdots \\ n \end{bmatrix} &= \tau_{k_1,k_1+1} \circ \tau_{k_1,k_1+1} \circ \cdots \circ \tau_{k_p,k_p+1} \begin{bmatrix} 1 \\ \vdots \\ n \end{bmatrix} \\ &= \tau_{k_2,k_2+1} \circ \cdots \circ \tau_{k_p,k_p+1} \begin{bmatrix} 1 \\ \vdots \\ n \end{bmatrix} \end{aligned}$$

となることに注意する．この操作を繰り返して

$$\tau_{k_p,k_p+1}\circ\cdots\circ\tau_{k_1,k_1+1}\circ\sigma^{-1}\begin{bmatrix}1\\ \vdots\\ n\end{bmatrix}=\begin{bmatrix}1\\ \vdots\\ n\end{bmatrix}$$

が得られる．特に

$$\varepsilon_{\sigma^{-1}}=p$$

が従い，

$$(-1)^{\varepsilon_\sigma}=(-1)^{\varepsilon_{\sigma^{-1}}} \tag{4.8}$$

が得られた．A の行列式は

$$|A|=\sum_{\sigma}(-1)^{\varepsilon_\sigma}a_{1\sigma(1)}\cdots a_{n\sigma(n)} \tag{4.9}$$

と展開されたことを思い出そう．(4.9) の a の右側の添え字を番号順に並べて，$a_{i\sigma(i)}$ の積の順番を入れかえると

$$a_{1\sigma(1)}\cdots a_{n\sigma(n)}=a_{i_1 1}\cdots a_{i_n n}$$

となる．ここで，$1\leqq k\leqq n$ に対し，i_k は

$$\sigma(i_k)=k$$

により定まるから，$i_k=\sigma^{-1}(k)$ となる．したがって

$$a_{1\sigma(1)}\cdots a_{n\sigma(n)}=a_{\sigma^{-1}(1)1}\cdots a_{\sigma^{-1}(n)n}$$

となり，(4.9) は (4.8) を用いて

$$|A|=\sum_{\sigma}(-1)^{\varepsilon_{\sigma^{-1}}}a_{\sigma^{-1}(1)1}\cdots a_{\sigma^{-1}(n)n}$$

と書き直すことができる．σ が $\{1,\cdots,n\}$ の入れ替え全体を動くとき σ^{-1} も $\{1,\cdots,n\}$ の入れ替え全体を動くから，結局

$$|A|=\sum_{\tau}(-1)^{\varepsilon_\tau}a_{\tau(1)1}\cdots a_{\tau(n)n} \tag{4.10}$$

と変形された．ここで τ は $\{1,\cdots,n\}$ の入れ替え全体を動く．さて ${}^tA$ の (i,j) 成分 ${}^tA_{ij}$ は，

$$
{}^tA_{ij}=a_{ji}
$$

により与えられるから，(4.9) を ${}^tA$ について適用すると

$$
\begin{aligned}
|{}^tA| &= \sum_{\tau}(-1)^{\varepsilon_\tau}\,{}^tA_{1\tau(1)}\cdots{}^tA_{n\tau(n)} \\
&= \sum_{\tau}(-1)^{\varepsilon_\tau}a_{\tau(1)1}\cdots a_{\tau(n)n}
\end{aligned}
$$

となり，これは (4.10) から $|A|$ に等しい．以上より定理が示された．

転置を取る操作により，基本変形

① 第 i 行と第 j 行を入れ替える，
② 第 i 行を λ 倍する，
③ 第 i 行を λ 倍して第 j 行に加える，

は，それぞれ

① 第 i 列と第 j 列を入れ替える，
② 第 i 列を λ 倍する，
③ 第 i 列を λ 倍して第 j 列に加える，

という操作に移ることがわかるから，定理 4.6 と 4.2 節の結果をあわせると次の定理が得られる．

定理 4.7 A を n 次行列とすると次の事実が成り立つ：

(i) A_1 を A の第 i 列と第 j 列を入れ替えたものとすると

$$
|A_1|=-|A|
$$

となる．

(ii) A_2 を A の第 i 列を λ 倍したものとすると

$$
|A_2|=\lambda\cdot|A|
$$

となる．

(iii) A_3 を A の 第 i 列を λ 倍して第 j 列に加えたものとすると

$$|A_3|=|A|$$

となる．

系 4.1 から

$$|A|\neq 0 \Longleftrightarrow r(A)=n$$

がわかるので定理 4.6 より

$$r(A)=n \Longleftrightarrow |A|=|{}^tA|\neq 0 \Longleftrightarrow r({}^tA)=n$$

を得る．特に次の定理が得られた．

定理 4.8　n 次行列 A について $r(A)=n$ と $r({}^tA)=n$ は同値である．

4.4　余因子展開とクラメールの公式

n 次行列 A を第 1 行と第 2 行以下に分けて

$$A=\begin{pmatrix} a_{11} & \cdots & a_{1n} \\ \hline a_{21} & \cdots & a_{2n} \\ \vdots & \ddots & \vdots \\ a_{n1} & \cdots & a_{nn} \end{pmatrix}=\begin{pmatrix} \boldsymbol{a} \\ A' \end{pmatrix}$$

と表す．ここで，第 1 行を

$$\begin{aligned} \boldsymbol{a}&=(a_{11},\cdots,a_{1n}) \\ &=a_{11}{}^t\boldsymbol{e}_1+\cdots+a_{1n}{}^t\boldsymbol{e}_n \end{aligned}$$

と表し，第 2 行より下を

$$A' = \begin{pmatrix} a_{21} & \cdots & a_{2n} \\ \vdots & \ddots & \vdots \\ a_{n1} & \cdots & a_{nn} \end{pmatrix}$$

と表した．第１行について行列式を展開すると，

$$|A| = a_{11} \begin{vmatrix} {}^t\boldsymbol{e}_1 \\ A' \end{vmatrix} + \cdots + a_{1n} \begin{vmatrix} {}^t\boldsymbol{e}_n \\ A' \end{vmatrix} \tag{4.11}$$

となる．第１項：

$$\begin{vmatrix} {}^t\boldsymbol{e}_1 \\ A' \end{vmatrix} = \begin{vmatrix} 1 & 0 & \cdots & 0 \\ a_{21} & a_{22} & \cdots & a_{2n} \\ \vdots & \vdots & \ddots & \vdots \\ a_{n1} & a_{n2} & \cdots & a_{nn} \end{vmatrix}$$

を，基本変形３では行列式は変わらないことに注意して，基本変形３を用いて変形し，さらに系 4.2 を用いると

$$\begin{vmatrix} 1 & 0 & \cdots & 0 \\ a_{21} & a_{22} & \cdots & a_{2n} \\ \vdots & \vdots & \ddots & \vdots \\ a_{n1} & a_{n2} & \cdots & a_{nn} \end{vmatrix} = \begin{vmatrix} 1 & 0 & \cdots & 0 \\ 0 & a_{22} & \cdots & a_{2n} \\ \vdots & \vdots & \ddots & \vdots \\ 0 & a_{n2} & \cdots & a_{nn} \end{vmatrix} = |A'_{11}|$$

と計算される．ここで A'_{11} は，A から第１行と第１列を取り除いて得られる $n-1$ 次行列を表す：

$$A'_{11} = \begin{pmatrix} a_{22} & \cdots & a_{2n} \\ \vdots & \ddots & \vdots \\ a_{2n} & \cdots & a_{nn} \end{pmatrix}.$$

以上より第１項が

$$\begin{vmatrix} {}^t\boldsymbol{e}_1 \\ A' \end{vmatrix} = |A'_{11}|$$

と計算された．第 j 列をその左隣りと入れ替える操作を $j-1$ 回繰り返して一番左に持って行くと，定理 4.7 と今までの計算から

$$\begin{aligned}
\begin{vmatrix} {}^t\boldsymbol{e}_j \\ A' \end{vmatrix} &= \begin{vmatrix} 0 & \cdots & 0 & 1 & 0 & \cdots & 0 \\ a_{21} & \cdots & a_{2,j-1} & a_{2j} & a_{2,j+1} & \cdots & a_{2n} \\ \vdots & & \vdots & \vdots & \vdots & & \vdots \\ a_{n1} & \cdots & a_{n,j-1} & a_{nj} & a_{n,j+1} & \cdots & a_{nn} \end{vmatrix} \\
&= (-1)^{j-1} \begin{vmatrix} 1 & 0 & \cdots & 0 & 0 & \cdots & 0 \\ a_{2j} & a_{21} & \cdots & a_{2,j-1} & a_{2,j+1} & \cdots & a_{2n} \\ \vdots & \vdots & & \vdots & \vdots & & \vdots \\ a_{nj} & a_{n1} & \cdots & a_{n,j-1} & a_{n,j+1} & \cdots & a_{nn} \end{vmatrix} \\
&= (-1)^{j-1} \begin{vmatrix} a_{21} & \cdots & a_{2,j-1} & a_{2,j+1} & \cdots & a_{2n} \\ \vdots & & \vdots & \vdots & & \vdots \\ a_{n1} & \cdots & a_{n,j-1} & a_{n,j+1} & \cdots & a_{nn} \end{vmatrix} \\
&= (-1)^{j-1} |A'_{1j}|
\end{aligned}$$

ここで A'_{1j} は，A から第 1 行と第 j 列を取り除いて得られる $n-1$ 次行列である：

$$A'_{1j} = \begin{pmatrix} a_{21} & \cdots & a_{2,j-1} & a_{2,j+1} & \cdots & a_{2n} \\ \vdots & & \vdots & \vdots & & \vdots \\ a_{n1} & \cdots & a_{n,j-1} & a_{n,j+1} & \cdots & a_{nn} \end{pmatrix}$$

以上の結果を (4.11) に代入して次の定理が得られる．

定理 4.9　n 次行列 A の行列式は

$$|A| = \sum_{j=1}^{n} (-1)^{j+1} a_{1j} |A'_{1j}|$$

と展開される．ここで A'_{1j} は，A から第 1 行と第 j 列を取り除いて得られる $n-1$ 次行列である．

定理を証明するのに実行した計算を具体例で見てみよう．

[例 **4.5**]　3 次行列

$$A=\begin{pmatrix} 1 & 2 & 1 \\ 1 & 1 & 0 \\ 2 & 1 & 1 \end{pmatrix}$$

の行列式を求めてみよう．まず第 1 行を

$$(1,2,1)=1{}^t\boldsymbol{e}_1+2{}^t\boldsymbol{e}_2+1{}^t\boldsymbol{e}_3$$

と表示し，

$$A'=\begin{pmatrix} 1 & 1 & 0 \\ 2 & 1 & 1 \end{pmatrix}$$

とおく．第 1 行について展開すると

$$|A|=1\cdot\begin{vmatrix} {}^t\boldsymbol{e}_1 \\ A' \end{vmatrix}+2\cdot\begin{vmatrix} {}^t\boldsymbol{e}_2 \\ A' \end{vmatrix}+1\cdot\begin{vmatrix} {}^t\boldsymbol{e}_3 \\ A' \end{vmatrix}$$

が得られる．ここで第 1 項

$$\begin{vmatrix} {}^t\boldsymbol{e}_1 \\ A' \end{vmatrix}=\begin{vmatrix} 1 & 0 & 0 \\ 1 & 1 & 0 \\ 2 & 1 & 1 \end{vmatrix} \tag{4.12}$$

を計算しよう．基本変形 3 で行列式は変化しないから

$$\begin{vmatrix} 1 & 0 & 0 \\ 1 & 1 & 0 \\ 2 & 1 & 1 \end{vmatrix}=\begin{vmatrix} 1 & 0 & 0 \\ 0 & 1 & 0 \\ 0 & 1 & 1 \end{vmatrix}$$

となり，系 4.2 を用いて

$$\begin{vmatrix} 1 & 0 & 0 \\ 0 & 1 & 0 \\ 0 & 1 & 1 \end{vmatrix} = 1 \cdot \begin{vmatrix} 1 & 0 \\ 1 & 1 \end{vmatrix} = 1$$

と計算される．次に

$$\begin{vmatrix} {}^t\boldsymbol{e}_2 \\ A' \end{vmatrix} = \begin{vmatrix} 0 & 1 & 0 \\ 1 & 1 & 0 \\ 2 & 1 & 1 \end{vmatrix}$$

を計算しよう．第 1 列と第 2 列を入れ替えると定理 4.7 から，

$$\begin{vmatrix} 0 & 1 & 0 \\ 1 & 1 & 0 \\ 2 & 1 & 1 \end{vmatrix} = (-1) \begin{vmatrix} 1 & 0 & 0 \\ 1 & 1 & 0 \\ 1 & 2 & 1 \end{vmatrix}$$

と変形される．これは，(4.12) と同様の計算から

$$(-1) \cdot \begin{vmatrix} 1 & 0 \\ 2 & 1 \end{vmatrix} = -1$$

と求められる．最後に

$$\begin{vmatrix} {}^t\boldsymbol{e}_3 \\ A' \end{vmatrix} = \begin{vmatrix} 0 & 0 & 1 \\ 1 & 1 & 0 \\ 2 & 1 & 1 \end{vmatrix}$$

は第 3 列を第 2 列，第 1 列と順次入れ替えて

$$\begin{vmatrix} 0 & 0 & 1 \\ 1 & 1 & 0 \\ 2 & 1 & 1 \end{vmatrix} = (-1) \begin{vmatrix} 0 & 1 & 0 \\ 1 & 0 & 1 \\ 2 & 1 & 1 \end{vmatrix} = (-1)^2 \begin{vmatrix} 1 & 0 & 0 \\ 0 & 1 & 1 \\ 1 & 2 & 1 \end{vmatrix}$$

と変形される．ここで再び定理 4.7 を用いた．あとは (4.12) と同様に

$$\begin{vmatrix} 1 & 0 & 0 \\ 0 & 1 & 1 \\ 1 & 2 & 1 \end{vmatrix} = 1 \cdot \begin{vmatrix} 1 & 1 \\ 2 & 1 \end{vmatrix} = -1$$

と計算される．以上をまとめると

$$\begin{aligned} |A| &= 1 \cdot 1 \begin{vmatrix} 1 & 0 \\ 1 & 1 \end{vmatrix} + (-1) \cdot 2 \begin{vmatrix} 1 & 0 \\ 2 & 1 \end{vmatrix} + (-1)^2 \cdot 1 \begin{vmatrix} 1 & 1 \\ 2 & 1 \end{vmatrix} \\ &= 1-2-1=-2 \end{aligned}$$

が得られる．定理の証明はこの計算を一般的に述べたものである．

$$A = \begin{pmatrix} a_{11} & \cdots & a_{1n} \\ \vdots & \ddots & \vdots \\ a_{i-1,1} & \cdots & a_{i-1,n} \\ a_{i1} & \cdots & a_{in} \\ a_{i+1,1} & \cdots & a_{i+1,n} \\ \vdots & \ddots & \vdots \\ a_{n1} & \cdots & a_{nn} \end{pmatrix} = \begin{pmatrix} \boldsymbol{a}_1 \\ \vdots \\ \boldsymbol{a}_{i-1} \\ \boldsymbol{a}_i \\ \boldsymbol{a}_{i+1} \\ \vdots \\ \boldsymbol{a}_n \end{pmatrix}$$

の第 i 行をその一つ上の行と順次入れ替えて第 1 行に持っていくと，

$$|A| = (-1)^{i-1} \begin{vmatrix} \boldsymbol{a}_i \\ \boldsymbol{a}_1 \\ \vdots \\ \boldsymbol{a}_{i-1} \\ \boldsymbol{a}_{i+1} \\ \vdots \\ \boldsymbol{a}_n \end{vmatrix} = (-1)^{i-1} \begin{vmatrix} \boldsymbol{a}_i \\ A_i' \end{vmatrix}$$

が得られる．ここで A_i' は A から $\boldsymbol{a}_i$ を取り除いて得られる $(n-1,n)$ 型の行列である：

$$A'_i = \begin{pmatrix} \boldsymbol{a}_1 \\ \vdots \\ \boldsymbol{a}_{i-1} \\ \boldsymbol{a}_{i+1} \\ \vdots \\ \boldsymbol{a}_n \end{pmatrix}$$

$\begin{vmatrix} \boldsymbol{a}_i \\ A'_i \end{vmatrix}$ に定理 4.9 を適用すると，A'_{ip} を A から第 i 行と第 p 列を除いて得られる $n-1$ 次行列として

$$\begin{vmatrix} \boldsymbol{a}_i \\ A'_i \end{vmatrix} = \sum_{p=1}^{n} (-1)^{p+1} a_{ip} |A'_{ip}|$$

が得られる．以上の計算から**余因子展開**といわれるつぎの定理が証明された．

定理 4.10　n 次行列 A の行列式は

$$|A| = \sum_{p=1}^{n} (-1)^{i+p} a_{ip} |A'_{ip}|$$

と展開される．ここで A'_{ip} は A から第 i 行と第 p 列を除いて得られる $n-1$ 次行列である．

$i<j$ とする．n 次行列 A の第 j 行を第 i 行に置き換えて得られる行列を $A^\flat$ と書くことにする：

$$A = \begin{pmatrix} \boldsymbol{a}_1 \\ \vdots \\ \boldsymbol{a}_i \\ \vdots \\ \boldsymbol{a}_j \\ \vdots \\ \boldsymbol{a}_n \end{pmatrix} \longrightarrow A^\flat = \begin{pmatrix} \boldsymbol{a}_1 \\ \vdots \\ \boldsymbol{a}_i \\ \vdots \\ \boldsymbol{a}_i \\ \vdots \\ \boldsymbol{a}_n \end{pmatrix}$$

補題 4.1 から

$$|A^\flat|=0$$

となる．この左辺に定理 4.10 を $A^\flat$ の第 j 行に対して適用すると，$A^\flat$ から第 j 行と第 p 列を取り除いて得られる $n-1$ 次行列を $(A^\flat)'_{jp}$ と表すことにより，

$$0=|A^\flat|=\sum_{p=1}^{n}(-1)^{j+p}a_{ip}|(A^\flat)'_{jp}| \tag{4.13}$$

が得られる．ここで $(A^\flat)'_{jp}$ は，A から第 j 行と第 p 列を取り除いて得られる $n-1$ 次行列 A'_{jp} に等しいことに注意しよう：

$$(A^\flat)'_{jp}=A'_{jp}$$

この式を (4.13) に代入すると，

$$\sum_{p=1}^{n}a_{ip}(-1)^{j+p}|A'_{jp}|=0 \tag{4.14}$$

が得られる．また定理 4.10 を ${}^tA$ に適用すると，

$$\sum_{p=1}^{n}(-1)^{i+p}|({}^tA)'_{ip}|\cdot({}^tA)_{ip}=|{}^tA| \tag{4.15}$$

が得られ，右辺は定理 4.6 より $|A|$ に等しい．$i\neq j$ のときは，(4.14) を ${}^tA$ に適用し，

$$\sum_{p=1}^{n}(-1)^{j+p}|({}^tA)'_{jp}|\cdot({}^tA)_{ip}=0 \tag{4.16}$$

が従う．ここで

$$({}^tA)_{ip}=a_{pi},\quad ({}^tA)'_{ip}={}^t(A'_{pi})$$

となることに注意する．たとえば後の等式の，3 次行列は次のようになる．

$$A=\begin{pmatrix} a_{11} & a_{12} & a_{13} \\ a_{21} & a_{22} & a_{23} \\ a_{31} & a_{32} & a_{33} \end{pmatrix}$$

とすると

$$A'_{12}=\begin{pmatrix} a_{21} & a_{23} \\ a_{31} & a_{33} \end{pmatrix}$$

より

$${}^t(A'_{12})=\begin{pmatrix} a_{21} & a_{31} \\ a_{23} & a_{33} \end{pmatrix}$$

となる．一方，

$${}^tA=\begin{pmatrix} a_{11} & a_{21} & a_{31} \\ a_{12} & a_{22} & a_{32} \\ a_{13} & a_{23} & a_{33} \end{pmatrix}$$

から

$$({}^tA)'_{21}=\begin{pmatrix} a_{21} & a_{31} \\ a_{23} & a_{33} \end{pmatrix}$$

となるので

$${}^t(A'_{12})=({}^tA)'_{21}$$

が確認された．

定理 4.6 から

$$|{}^t(A'_{pi})|=|A'_{pi}|$$

が得られるから，(4.15)(4.16) は

$$\sum_{p=1}^{n}(-1)^{i+p}|A'_{pi}|\cdot a_{pi}=|A|$$

$$\sum_{p=1}^{n}(-1)^{j+p}|A'_{pj}|\cdot a_{pi}=0 \quad (i\neq j)$$

と書き換えられる．n 次行列 $A^\dagger$ をその (i,j) 成分が $(-1)^{i+j}|A'_{ij}|$ に等しいものとして定め：

$$A^{\dagger}=\begin{pmatrix}(-1)^{1+1}|A'_{11}| & \cdots & (-1)^{1+n}|A'_{1n}| \\ \vdots & \ddots & \vdots \\ (-1)^{n+1}|A'_{n1}| & \cdots & (-1)^{n+n}|A'_{nn}|\end{pmatrix}$$

$A^{\sharp}$ をその転置行列とし A の余因子行列と呼ぶ：

$$A^{\sharp}={}^{t}(A^{\dagger})$$

すると，$A^{\sharp}$ の (i,j) 成分は $(A^{\sharp})_{ij}=(-1)^{i+j}|A'_{ji}|$ なので，以上の計算は次の定理にまとめることができる．

定理 4.11（クラメールの公式）

$$A\cdot A^{\sharp}=A^{\sharp}\cdot A=|A|\cdot I_n$$

が成り立つ．

この定理から $|A|\neq 0$ のときは

$$A^{-1}=\frac{1}{|A|}A^{\sharp}$$

により A の逆行列が得られることがわかる．この公式は２次行列

$$A=\begin{pmatrix}a_{11} & a_{12} \\ a_{21} & a_{22}\end{pmatrix}$$

の逆行列を与える公式

$$A^{-1}=\frac{1}{|A|}\begin{pmatrix}a_{22} & -a_{12} \\ -a_{21} & a_{11}\end{pmatrix}$$

の一般化になっている．

4.5 行列式の応用

次のような例題を考えよう．

例題 4.1 3点 $P_1=(p_1,q_1)$, $P_2(p_2,q_2)$, $P_3=(p_3,q_3)$ を通る円の方程式を求めよ．

この問題を行列式を用いて解いてみよう．一般に点 (a,b) を中心とする半径 r の円の方程式は

$$(x-a)^2+(y-b)^2=r^2$$

で与えられるが，これを

$$x^2+y^2-2ax-2by+(a^2+b^2-r^2)=0 \tag{4.17}$$

と変形し，さらに

$$c_1=-2a, \quad c_2=-2b, \quad c_3=a^2+b^2-r^2,$$

とおいて方程式 (4.17) を，

$$x^2+y^2+c_1x+c_2y+c_3=0 \tag{4.18}$$

と書き換える．さて，3点 P_1，P_2，P_3 を通るという条件を式にすると，

$$\begin{aligned} p_1^2+q_1^2+c_1p_1+c_2q_1+c_3=0 \\ p_2^2+q_2^2+c_1p_2+c_2q_2+c_3=0 \\ p_3^2+q_3^2+c_1p_3+c_2q_3+c_3=0 \end{aligned}$$

となるが，これに (4.18) をあわせた方程式を行列表示すると，

$$\begin{pmatrix} x^2+y^2 & x & y & 1 \\ p_1^2+q_1^2 & p_1 & q_1 & 1 \\ p_2^2+q_2^2 & p_2 & q_2 & 1 \\ p_3^2+q_3^2 & p_3 & q_3 & 1 \end{pmatrix} \begin{pmatrix} 1 \\ c_1 \\ c_2 \\ c_3 \end{pmatrix} = \begin{pmatrix} 0 \\ 0 \\ 0 \\ 0 \end{pmatrix}$$

となる．ここで行列 P を

$$P=\begin{pmatrix} x^2+y^2 & x & y & 1 \\ p_1^2+q_1^2 & p_1 & q_1 & 1 \\ p_2^2+q_2^2 & p_2 & q_2 & 1 \\ p_3^2+q_3^2 & p_3 & q_3 & 1 \end{pmatrix}$$

により定めると，方程式

$$P\boldsymbol{f}=\boldsymbol{0}$$

は 0 でない解：

$$\boldsymbol{f}=\begin{pmatrix} 1 \\ c_1 \\ c_2 \\ c_3 \end{pmatrix}$$

を持つから，系 4.1 より P の行列式は 0 でなければならない：

$$\begin{vmatrix} x^2+y^2 & x & y & 1 \\ p_1^2+q_1^2 & p_1 & q_1 & 1 \\ p_2^2+q_2^2 & p_2 & q_2 & 1 \\ p_3^2+q_3^2 & p_3 & q_3 & 1 \end{vmatrix}=0.$$

この左辺を第 1 行について余因子展開して得られる方程式が求める方程式となる．

[例 4.6]　$P_1=(1,0)$, $P_2=(-1,0)$ および $P_3=(0,1)$ の 3 点を通る円の方程式は，図 4.1 より明らかに

$$x^2+y^2=1$$

となる．

これを上に述べた方法で求めてみよう．

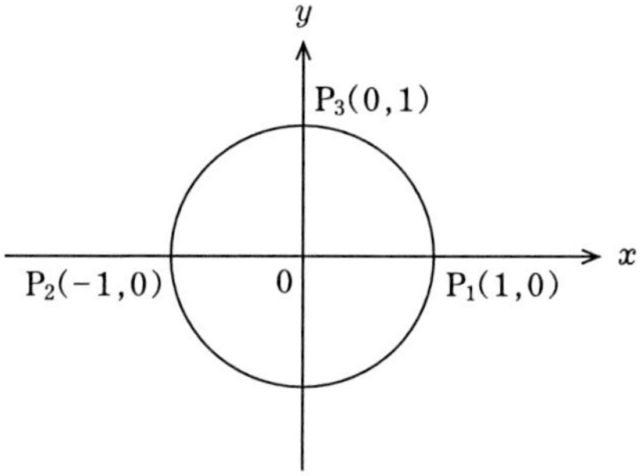

図 4.1

$$\begin{vmatrix} x^2+y^2 & x & y & 1 \\ 1 & 1 & 0 & 1 \\ 1 & -1 & 0 & 1 \\ 1 & 0 & 1 & 1 \end{vmatrix} = 0$$

を第 1 行について余因子展開すると，方程式

$$(x^2+y^2)\begin{vmatrix} 1 & 0 & 1 \\ -1 & 0 & 1 \\ 0 & 1 & 1 \end{vmatrix} - x\begin{vmatrix} 1 & 0 & 1 \\ 1 & 0 & 1 \\ 1 & 1 & 1 \end{vmatrix} + y\begin{vmatrix} 1 & 1 & 1 \\ 1 & -1 & 1 \\ 1 & 0 & 1 \end{vmatrix} - \begin{vmatrix} 1 & 1 & 0 \\ 1 & -1 & 0 \\ 1 & 0 & 1 \end{vmatrix} = 0 \tag{4.19}$$

が得られる．この左辺は

$$-2(x^2+y^2)+2$$

と計算されるので，方程式

$$x^2+y^2=1$$

が得られた．

より一般に平面上の 5 点 (p_1,q_1) (p_2,q_2) (p_3,q_3) (p_4,q_4) (p_5,q_5) を通る 2 次曲線の方程式を与える公式が，行列式を用いて求めることができる．求める方程式を

$$c_1x^2+c_2xy+c_3y^2+c_4x+c_5y+c_6=0 \tag{4.20}$$

と書くことにする．ここで $(c_1,c_2,c_3,c_4,c_5,c_6)$ は，0 ベクトルではない．与えられた 5 点を通過するという条件は，

$$\begin{aligned}
c_1p_1^2+c_2p_1q_1+c_3q_1^2+c_4p_1+c_5q_1+c_6=0\\
c_1p_2^2+c_2p_2q_2+c_3q_2^2+c_4p_2+c_5q_2+c_6=0\\
c_1p_3^2+c_2p_3q_3+c_3q_3^2+c_4p_3+c_5q_3+c_6=0\\
c_1p_4^2+c_2p_4q_4+c_3q_4^2+c_4p_4+c_5q_4+c_6=0\\
c_1p_5^2+c_2p_5q_5+c_3q_5^2+c_4p_5+c_5q_5+c_6=0
\end{aligned}$$

となる．これに (4.20) をあわせた連立 1 次方程式を行列表示すると

$$\begin{pmatrix} x^2 & xy & y^2 & x & y & 1 \\ p_1^2 & p_1q_1 & q_1^2 & p_1 & q_1 & 1 \\ p_2^2 & p_2q_2 & q_2^2 & p_2 & q_2 & 1 \\ p_3^2 & p_3q_3 & q_3^2 & p_3 & q_3 & 1 \\ p_4^2 & p_4q_4 & q_4^2 & p_4 & q_4 & 1 \\ p_5^2 & p_5q_5 & q_5^2 & p_5 & q_5 & 1 \end{pmatrix} \begin{pmatrix} c_1 \\ c_2 \\ c_3 \\ c_4 \\ c_5 \\ c_6 \end{pmatrix} = \begin{pmatrix} 0 \\ 0 \\ 0 \\ 0 \\ 0 \\ 0 \end{pmatrix}$$

となる．ここで $(c_1,c_2,c_3,c_4,c_5,c_6)$ は 0 ベクトルではなかったから左辺の行列の行列式は 0 でなければならない：

$$\begin{vmatrix} x^2 & xy & y^2 & x & y & 1 \\ p_1^2 & p_1q_1 & q_1^2 & p_1 & q_1 & 1 \\ p_2^2 & p_2q_2 & q_2^2 & p_2 & q_2 & 1 \\ p_3^2 & p_3q_3 & q_3^2 & p_3 & q_3 & 1 \\ p_4^2 & p_4q_4 & q_4^2 & p_4 & q_4 & 1 \\ p_5^2 & p_5q_5 & q_5^2 & p_5 & q_5 & 1 \end{vmatrix} = 0$$

左辺を第 1 行について余因子展開すると，求める曲線の方程式が得られる．

演　習　問　題

1.

$$A=\begin{pmatrix} 1 & 2 & 0 \\ 1 & 1 & 0 \\ 0 & 1 & 1 \end{pmatrix}$$

とする．このとき，次の問いに答えよ

(1)　xI_3-A の余因子行列 B を求めよ．

(2)　B を 3 次行列 B_0,B_1,B_2 を用いて

$$B=x^2B_2+xB_1+B_0$$

と表すとき，B_0,B_1,B_2 はそれぞれ A と交換可能となることを確かめよ．

2. A を n 次行列とし，xI_n-A の余因子行列を B とする．B を n 次行列 $B_0,\cdots,B_{n-1}$ を用いて

$$B=x^{n-1}B_{n-1}+\cdots+B_0$$

と表すとき，各 B_i は A と交換可能であることを示せ．

3. (ケーリー-ハミルトンの定理)　n 次行列 A に対し，

$$P_A(x)=|xI_n-A|$$

とおくと，

$$P_A(A)=0$$

となることを示せ．

4. 行列式

$$\Delta=\begin{vmatrix} 1 & 1 & 1 \\ x_1 & x_2 & x_3 \\ x_1^2 & x_2^2 & x_3^2 \end{vmatrix}$$

を求めよ.

5. (ファンデルモンドの等式)　等式

$$\begin{vmatrix} 1 & \cdots & 1 \\ x_1 & \cdots & x_n \\ \vdots & \ddots & \vdots \\ x_1^{n-1} & \cdots & x_n^{n-1} \end{vmatrix} = (-1)^{\frac{n(n-1)}{2}} \prod_{i<j} (x_i - x_j)$$

を示せ.

第 5 章 基底と行列表示

5.1　連立 1 次方程式の解空間

連立 1 次方程式

$$\begin{cases} x_1 + 2x_2 + x_3 + 3x_4 = 0 \\ 4x_1 - x_2 - 5x_3 - 6x_4 = 0 \\ x_1 - 3x_2 - 4x_3 - 7x_4 = 0 \\ 2x_1 + x_2 - x_3 = 0 \end{cases} \tag{5.1}$$

の解空間について考察しよう．

$$\boldsymbol{a} = \begin{pmatrix} a_1 \\ a_2 \\ a_3 \\ a_4 \end{pmatrix}, \quad \boldsymbol{b} = \begin{pmatrix} b_1 \\ b_2 \\ b_3 \\ b_4 \end{pmatrix}$$

が方程式 (5.1) の解とすると，勝手な実数 α, β を係数とする 1 次結合

$$\alpha\boldsymbol{a} + \beta\boldsymbol{b}$$

も方程式 (5.1) の解となる．このことは，直接確認することもできるが，次のように行うと簡単である．行列

$$A=\begin{pmatrix}1 & 2 & 1 & 3\\ 4 & -1 & -5 & -6\\ 1 & -3 & -4 & -7\\ 2 & 1 & -1 & 0\end{pmatrix}$$

を用いて，方程式 (5.1) は

$$A\boldsymbol{x}=\boldsymbol{0}$$

と書き直される．ここで $\boldsymbol{a}$, $\boldsymbol{b}$ が (5.1) の解とすると

$$A\boldsymbol{a}=A\boldsymbol{b}=\boldsymbol{0}$$

を満たす．ここで，行列の積の分配法則から

$$A(\alpha\boldsymbol{a}+\beta\boldsymbol{b})=\alpha A\boldsymbol{a}+\beta A\boldsymbol{b}=\boldsymbol{0}$$

となり上記の事実が確認された．また，方程式の解のパラメーター表示が

$$\begin{pmatrix}x_1\\ x_2\\ x_3\\ x_4\end{pmatrix}=t_1\begin{pmatrix}1\\ -1\\ 1\\ 0\end{pmatrix}+t_2\begin{pmatrix}1\\ -2\\ 0\\ 1\end{pmatrix}$$

とガウス消去法を用いて求められる．このとき，(5.1) の解

$$\begin{pmatrix}x_1\\ x_2\\ x_3\\ x_4\end{pmatrix}$$

に対し，パラメーターの値 t_1 と t_2 はただ一つに決まることに注意しよう．特に，

$$\begin{pmatrix} 0 \\ 0 \\ 0 \\ 0 \end{pmatrix} = t_1 \begin{pmatrix} 1 \\ -1 \\ 1 \\ 0 \end{pmatrix} + t_2 \begin{pmatrix} 1 \\ -2 \\ 0 \\ 1 \end{pmatrix}$$

を満たす t_1 と t_2 は

$$t_1 = t_2 = 0$$

しかないことが確かめられる．

もう一つ別の連立１次方程式

$$x_1 + x_2 + x_3 = 0 \tag{5.2}$$

の解空間を考察しよう．

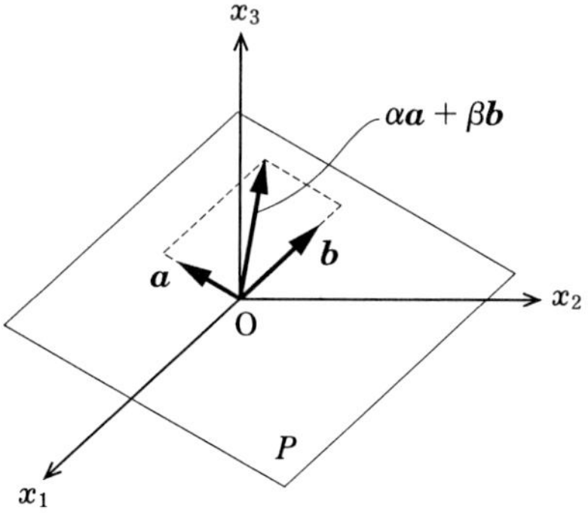

図 **5.1**

この空間はベクトル

$$\begin{pmatrix} 1 \\ 1 \\ 1 \end{pmatrix}$$

に直交する，原点を含む平面 P となる．$\boldsymbol{a}$ と $\boldsymbol{b}$ が方程式 (5.2) の解，つまり平面 P 上の点とすると，それらの１次結合

$$\alpha\boldsymbol{a}+\beta\boldsymbol{b}$$

も平面 P 上の点となることが図により確認できる．また，平面 P 上の勝手な点

$$\begin{pmatrix} x_1 \\ x_2 \\ x_3 \end{pmatrix}$$

は，

$$\begin{pmatrix} x_1 \\ x_2 \\ x_3 \end{pmatrix}=t_1\begin{pmatrix} 1 \\ -1 \\ 0 \end{pmatrix}+t_2\begin{pmatrix} 0 \\ 1 \\ -1 \end{pmatrix}$$

とパラメーター表示されることもわかる．ここで

$$\begin{pmatrix} 0 \\ 0 \\ 0 \end{pmatrix}=t_1\begin{pmatrix} 1 \\ -1 \\ 0 \end{pmatrix}+t_2\begin{pmatrix} 0 \\ 1 \\ -1 \end{pmatrix}$$

を満たす t_1 と t_2 は

$$t_1=t_2=0$$

に限ることに注意してほしい．

これらの事実を，もう少し見通しよく説明しよう．そのために記号を準備する．**$\boldsymbol{n}$ 次元ユークリッド空間** $\mathbb{R}^n$ を

$$\mathbb{R}^n=\left\{\begin{pmatrix} x_1 \\ \vdots \\ x_n \end{pmatrix} \;\middle|\; x_i \text{は実数}\right\}$$

と定める．特に，$n=1$ ならば，これは実直線，$n=2$ ならば平面となる．さらに，$n=3$ ならば，私たちの住んでいる 3 次元空間となる．

定義 5.1 $\mathbb{R}^n$ の部分集合 V が，その勝手な元 $\boldsymbol{v}$ と $\boldsymbol{w}$，また勝手な実数の対 α と β に対し，

$$\alpha \boldsymbol{v}+\beta \boldsymbol{w} \in V$$

という性質を持つとき $\mathbb{R}^n$ の**部分線型空間**という.

定義から, $\mathbb{R}^n$ それ自身が $\mathbb{R}^n$ の部分線型空間になっている. また, 方程式 (5.1), (5.2) の解空間はそれぞれ $\mathbb{R}^4$, $\mathbb{R}^3$ の部分線型空間となっていることはすでに確認した通りである. この事実は一般に成立する. つまり, 斉次連立 1 次方程式

$$\begin{cases} a_{11}x_1 + \cdots + a_{1n}x_n = 0 \\ \quad\vdots \qquad\qquad\quad \vdots \qquad \vdots \\ a_{m1}x_1 + \cdots + a_{mn}x_n = 0 \end{cases}$$

の解空間 $\mathcal{S}$ は, $\mathbb{R}^n$ の部分線型空間となる. これは, 先ほどと同様にして次のように確認される.

$$A = \begin{pmatrix} a_{11} & \cdots & a_{1n} \\ \vdots & \ddots & \vdots \\ a_{m1} & \cdots & a_{mn} \end{pmatrix}$$

$$\boldsymbol{x} = \begin{pmatrix} x_1 \\ \vdots \\ x_n \end{pmatrix}$$

を用いて, 上記の方程式は

$$A\boldsymbol{x} = \boldsymbol{0}$$

と行列の積を用いて表示される. さて, $\boldsymbol{a}, \boldsymbol{b}$ を $\mathcal{S}$ の元とすると,

$$A\boldsymbol{a} = A\boldsymbol{b} = \boldsymbol{0}$$

を満たす. このとき, 勝手な実数 α, β について分配法則を用いて

$$A(\alpha\boldsymbol{a} + \beta\boldsymbol{b}) = \alpha A\boldsymbol{a} + \beta A\boldsymbol{b} = \boldsymbol{0}$$

と計算されるから

$$\alpha \boldsymbol{a} + \beta \boldsymbol{b} \in \mathcal{S}$$

であることがわかった.

また，ベクトルの組

$$\left\{ \begin{pmatrix} 1 \\ -1 \\ 1 \\ 0 \end{pmatrix}, \begin{pmatrix} 1 \\ -2 \\ 0 \\ 1 \end{pmatrix} \right\}$$

は

$$\begin{pmatrix} 0 \\ 0 \\ 0 \\ 0 \end{pmatrix} = t_1 \begin{pmatrix} 1 \\ -1 \\ 1 \\ 0 \end{pmatrix} + t_2 \begin{pmatrix} 1 \\ -2 \\ 0 \\ 1 \end{pmatrix}$$

を満たす t_1 と t_2 は

$$t_1 = t_2 = 0$$

しかない，という性質を持つが，これは次のように一般化される.

定義 5.2 $\mathbb{R}^n$ の m 個の元 $\{\boldsymbol{a}_1, \cdots, \boldsymbol{a}_m\}$ が **1 次独立**とは，関係式

$$\lambda_1 \boldsymbol{a}_1 + \cdots + \lambda_m \boldsymbol{a}_m = 0 \tag{5.3}$$

を満たす実数の組 $(\lambda_1, \cdots, \lambda_m)$ が

$$(\lambda_1, \cdots, \lambda_m) = (0, \cdots, 0)$$

に限るときにいう．また，$(0, \cdots, 0)$ 以外に (5.3) を満たす $(\lambda_1, \cdots, \lambda_m)$ が存在するとき，$\{\boldsymbol{a}_1, \cdots, \boldsymbol{a}_m\}$ は **1 次従属**であるという.

たとえば

$$\left\{\begin{pmatrix}1\\-1\\1\\0\end{pmatrix},\begin{pmatrix}1\\-2\\0\\1\end{pmatrix}\right\}$$

は $\mathbb{R}^4$ の1次独立なベクトルの組となる．

一般に $\mathbb{R}^n$ の m 個のベクトルの組：

$$\boldsymbol{a}_1=\begin{pmatrix}a_{11}\\\vdots\\a_{n1}\end{pmatrix},\ \cdots,\boldsymbol{a}_m=\begin{pmatrix}a_{1m}\\\vdots\\a_{nm}\end{pmatrix}$$

が与えられたとき，これらが1次独立か1次従属かを判定するにはどうしたら良いのだろうか．以下この問題について考察しよう．まず，関係式 (5.3) は，

$$\left\{\begin{array}{c}a_{11}\lambda_1+\cdots+a_{1m}\lambda_m=0\\\vdots\\a_{n1}\lambda_1+\cdots+a_{nm}\lambda_m=0\end{array}\right. \tag{5.4}$$

という連立1次方程式の形に表される．したがって，$\{\boldsymbol{a}_1,\cdots,\boldsymbol{a}_m\}$ が1次独立ということは，方程式 (5.3) の解は

$$(\lambda_1,\cdots,\lambda_m)=(0,\cdots,0)$$

に限るという事実に他ならない．命題 2.1 と (2.7) より，後者は，$m\leqq n$ かつ行列

$$A=(\boldsymbol{a}_1,\cdots,\boldsymbol{a}_m)$$

の階数が m に等しいということと同値であったから，次の定理が得られる．

定理 5.1　$\mathbb{R}^n$ の m 個の元 $\{\boldsymbol{a}_1,\cdots,\boldsymbol{a}_m\}$ が1次独立という事実と，$m\leqq n$ かつ

$$r(A)=m,\quad A=(\boldsymbol{a}_1,\cdots,\boldsymbol{a}_m)$$

という事実は同値である．

$m=n$ の場合は，より詳しい事実が成り立つ．以下 $m=n$, つまり $\mathbb{R}^n$ の n 個のベクトルの組について考察する．

定理 2.2 と系 4.1 より，次の 4 つの事実は同値となる．

(i) $\boldsymbol{a}_1=\begin{pmatrix} a_{11} \\ \vdots \\ a_{n1} \end{pmatrix}, \cdots, \boldsymbol{a}_n=\begin{pmatrix} a_{1n} \\ \vdots \\ a_{nn} \end{pmatrix}$ は 1 次独立である．

(ii) 方程式

$$\begin{cases} a_{11}\lambda_1+\cdots+a_{1n}\lambda_n=0 \\ \qquad\qquad\vdots \\ a_{n1}\lambda_1+\cdots+a_{nn}\lambda_n=0 \end{cases}$$

の解は，$(\lambda_1,\cdots,\lambda_n)=(0,\cdots,0)$ に限る．

(iii) 勝手な

$$\boldsymbol{b}=\begin{pmatrix} b_1 \\ \vdots \\ b_n \end{pmatrix}$$

に対し，方程式

$$\begin{cases} a_{11}\lambda_1+\cdots+a_{1n}\lambda_n=b_1 \\ \qquad\qquad\vdots \\ a_{n1}\lambda_1+\cdots+a_{nn}\lambda_n=b_n \end{cases}$$

はただ 1 つの解を持つ．

(iv) 行列

$$A=(\boldsymbol{a}_1,\cdots,\boldsymbol{a}_n)=\begin{pmatrix} a_{11} & \cdots & a_{1n} \\ \vdots & \ddots & \vdots \\ a_{n1} & \cdots & a_{nn} \end{pmatrix}$$

の階数は n に等しい．

(v) $|A| \neq 0$

ここで，$\mathbb{R}^n$ の n 個のベクトルの組について次のような概念を導入しよう．

定義 5.3 $\mathbb{R}^n$ の n 個のベクトル $\{\boldsymbol{a}_1, \cdots, \boldsymbol{a}_n\}$ が次の性質を持つとき，$\{\boldsymbol{a}_1, \cdots, \boldsymbol{a}_n\}$ は $\mathbb{R}^n$ の**基底**であるという：

勝手な $\boldsymbol{b} \in \mathbb{R}^n$ は実数 $\lambda_1, \cdots, \lambda_n$ を用いて

$$\boldsymbol{b} = \lambda_1 \boldsymbol{a}_1 + \cdots + \lambda_n \boldsymbol{a}_n$$

とただ1通りに表される．

これは，(iii) に他ならないので，上述の考察より次の定理が得られる．

定理 5.2 $\mathbb{R}^n$ の n 個のベクトル $\{\boldsymbol{a}_1, \cdots, \boldsymbol{a}_n\}$ について，次の4つの事実は同値である．

(i) $\{\boldsymbol{a}_1, \cdots, \boldsymbol{a}_n\}$ は一次独立である．
(ii) $\{\boldsymbol{a}_1, \cdots, \boldsymbol{a}_n\}$ は $\mathbb{R}^n$ の基底である．
(iii) $A = (\boldsymbol{a}_1, \cdots, \boldsymbol{a}_n)$ とすると，$r(A) = n$
(iv) $|A| \neq 0$

基底のもっとも典型的な例を挙げよう．

[例 5.1] $\mathbb{R}^n$ の n 個の組 $\{\boldsymbol{e}_1, \cdots, \boldsymbol{e}_n\}$ を考えると，

$$(\boldsymbol{e}_1, \cdots, \boldsymbol{e}_n) = I_n$$

となり，

$$|I_n| = 1$$

であったから，定理 5.2 より $\{\boldsymbol{e}_1, \cdots, \boldsymbol{e}_n\}$ は $\mathbb{R}^n$ の基底となり，$\mathbb{R}^n$ の**標準基底**という．

定理 5.2 によれば，$\mathbb{R}^n$ の勝手な元

$$\boldsymbol{b}=\begin{pmatrix} b_1 \\ \vdots \\ b_n \end{pmatrix}$$

は，$\{\boldsymbol{e}_1,\cdots,\boldsymbol{e}_n\}$ の1次結合で表すことができるはずだが，実際

$$\boldsymbol{b}=\begin{pmatrix} b_1 \\ \vdots \\ b_n \end{pmatrix}=b_1\boldsymbol{e}_1+\cdots+b_n\boldsymbol{e}_n$$

となる．

さて，ここで最初にあげた斉次連立1次方程式

$$\begin{cases} x_1 + 2x_2 + x_3 + 3x_4 = 0 \\ 4x_1 - x_2 - 5x_3 - 6x_4 = 0 \\ x_1 - 3x_2 - 4x_3 - 7x_4 = 0 \\ 2x_1 + x_2 - x_3 = 0 \end{cases} \tag{5.5}$$

に戻ろう．この方程式の解空間 $\mathcal{S}$ は $\mathbb{R}^4$ の部分線型空間となり，その勝手な元

$\begin{pmatrix} x_1 \\ x_2 \\ x_3 \\ x_4 \end{pmatrix} \in \mathcal{S}$ は $\left\{\begin{pmatrix} 1 \\ -1 \\ 1 \\ 0 \end{pmatrix}, \begin{pmatrix} 1 \\ -2 \\ 0 \\ 1 \end{pmatrix}\right\}$ を用いて

$$\begin{pmatrix} x_1 \\ x_2 \\ x_3 \\ x_4 \end{pmatrix}=t_1\begin{pmatrix} 1 \\ -1 \\ 1 \\ 0 \end{pmatrix}+t_2\begin{pmatrix} 1 \\ -2 \\ 0 \\ 1 \end{pmatrix}$$

とただ1通りにパラメーター表示された．つまり，

$$\left\{ \begin{pmatrix} 1 \\ -1 \\ 1 \\ 0 \end{pmatrix}, \begin{pmatrix} 1 \\ -2 \\ 0 \\ 1 \end{pmatrix} \right\}$$

は基底と同じ性質をもつことがわかる．ここで，基底の概念を部分線型空間にまで拡張しよう．

定義 5.4　$\mathcal{S}$ を $\mathbb{R}^n$ の部分線型空間とする．$\mathcal{S}$ の m 個のベクトル $\{\boldsymbol{a}_1, \cdots, \boldsymbol{a}_m\}$ が次の性質を持つとき，$\{\boldsymbol{a}_1, \cdots, \boldsymbol{a}_m\}$ は $\mathcal{S}$ の**基底**であるという：

勝手な $\boldsymbol{b} \in \mathcal{S}$ は実数 $\lambda_1, \cdots, \lambda_m$ を用いて

$$\boldsymbol{b} = \lambda_1 \boldsymbol{a}_1 + \cdots + \lambda_m \boldsymbol{a}_m$$

とただ 1 通りに表される．

また，このとき基底の個数 m を $\mathcal{S}$ の**次元**という．

この定義によると，たとえば，

$$\left\{ \begin{pmatrix} 1 \\ -1 \\ 1 \\ 0 \end{pmatrix}, \begin{pmatrix} 1 \\ -2 \\ 0 \\ 1 \end{pmatrix} \right\}$$

は方程式 (5.1) の解空間の基底となり，したがって解空間の次元は 2 となる．また，方程式

$$x_1 + x_2 + x_3 = 0 \tag{5.6}$$

の解は，

$$\begin{pmatrix} x_1 \\ x_2 \\ x_3 \end{pmatrix} = t_1 \begin{pmatrix} 1 \\ -1 \\ 0 \end{pmatrix} + t_2 \begin{pmatrix} 0 \\ 1 \\ -1 \end{pmatrix}$$

とただ1通りにパラメーター表示されたので解空間の次元は2となるが，この事実は方程式の解空間が，ベクトル

$$\begin{pmatrix} 1 \\ 1 \\ 1 \end{pmatrix}$$

に直交する原点を含む平面 P に他ならず，その次元は2という事実と符合する．

このように，斉次連立1次方程式をガウス消去法により解き，解のパラメーター表示を求めることは，解空間の基底を求めることに他ならないことがわかった．これを定理の形にまとめておく．

定理 5.3　斉次連立1次方程式

$$\begin{cases} a_{11}x_1 + \cdots + a_{1n}x_n = 0 \\ \quad \vdots \qquad\qquad\quad \vdots \qquad \vdots \\ a_{m1}x_1 + \cdots + a_{mn}x_n = 0 \end{cases}$$

の解空間を $\mathcal{S}$ とする．この方程式をガウス消去法により解き，

$$\begin{pmatrix} s_1 \\ \vdots \\ s_n \end{pmatrix} = t_1 \begin{pmatrix} f_{11} \\ \vdots \\ f_{n1} \end{pmatrix} + \cdots + t_k \begin{pmatrix} f_{1k} \\ \vdots \\ f_{nk} \end{pmatrix}$$

と解のパラメーター表示を求めると，

$$\left\{ \begin{pmatrix} f_{11} \\ \vdots \\ f_{n1} \end{pmatrix}, \cdots, \begin{pmatrix} f_{1k} \\ \vdots \\ f_{nk} \end{pmatrix} \right\}$$

は，$\mathcal{S}$ の基底となる．

ここで，$\mathcal{S}$ の次元 k は媒介変数の個数に等しいので，(2.7) より n から行列

$$A=\begin{pmatrix} a_{11} & \cdots & a_{1n} \\ \vdots & \ddots & \vdots \\ a_{m1} & \cdots & a_{mn} \end{pmatrix}$$

の階数を引いて得られる数となる．

ここで部分線型空間の基底の取り方は１通りには定まらないことに注意してほしい．たとえば

$$\left\{\begin{pmatrix} 1 \\ 0 \end{pmatrix}, \begin{pmatrix} 0 \\ 1 \end{pmatrix}\right\}, \quad \left\{\begin{pmatrix} 1 \\ 1 \end{pmatrix}, \begin{pmatrix} 1 \\ -1 \end{pmatrix}\right\}$$

は，いずれも平面 $\mathbb{R}^2$ の基底となる．しかし，その個数（つまり次元）は基底の取り方によらずに２個と定まる．次節ではこの理由について考えよう．

5.2　部分線型空間の基底

前節で斉次連立１次方程式の解空間は部分線型空間となることを見た．しかし，部分線型空間の例は他にもたくさんある．そのうちの代表的なものを紹介しよう．

m 個の $\mathbb{R}^n$ の元 $\boldsymbol{a}_1, \cdots, \boldsymbol{a}_m$ に対し，$\mathbb{R}^n$ の部分集合 $\langle \boldsymbol{a}_1, \cdots, \boldsymbol{a}_m \rangle$ を

$$\langle \boldsymbol{a}_1, \cdots, \boldsymbol{a}_m \rangle = \{\lambda_1 \boldsymbol{a}_1 + \cdots + \lambda_m \boldsymbol{a}_m \mid \lambda_i \text{は実数}\}$$

と定めよう．この記号の意味するところを例で見てみる．

[例 5.2]　$\mathbb{R}^3$ で考察しよう．

$$\langle \boldsymbol{e}_1 \rangle = \left\{\begin{pmatrix} \lambda \\ 0 \\ 0 \end{pmatrix} \mid \lambda \in \mathbb{R}\right\}$$

となるから，$\langle \boldsymbol{e}_1 \rangle$ は x 軸に一致する．また，

$$\langle \boldsymbol{e}_1, \boldsymbol{e}_2 \rangle = \left\{ \begin{pmatrix} \lambda \\ \mu \\ 0 \end{pmatrix} \mid \lambda, \mu \in \mathbb{R} \right\}$$

となり，$\langle \boldsymbol{e}_1, \boldsymbol{e}_2 \rangle$ は (x,y) 平面に他ならない．一方，

$$\left\langle \begin{pmatrix} 1 \\ 1 \\ 0 \end{pmatrix}, \begin{pmatrix} 0 \\ 2 \\ 0 \end{pmatrix}, \begin{pmatrix} 1 \\ -1 \\ 0 \end{pmatrix} \right\rangle = \left\{ \begin{pmatrix} \lambda \\ \mu \\ 0 \end{pmatrix} \mid \lambda, \mu \in \mathbb{R} \right\}$$

となるから，これも (x,y) 平面となる．最後に

$$\langle \boldsymbol{e}_1, \boldsymbol{e}_2, \boldsymbol{e}_3 \rangle = \mathbb{R}^3$$

となることは容易に確認できる．

いずれの例にも共通しているのは，$\langle \boldsymbol{a}_1, \cdots, \boldsymbol{a}_m \rangle$ は部分線型空間となることである．実際，つぎの補題が成り立つ．

補題 5.1　$\boldsymbol{a}_1, \cdots, \boldsymbol{a}_m$ を $\mathbb{R}^n$ の元とすると，$\langle \boldsymbol{a}_1, \cdots, \boldsymbol{a}_m \rangle$ は $\mathbb{R}^n$ 部分線型空間となる．

証明は読者の演習とする．

$\langle \boldsymbol{a}_1, \cdots, \boldsymbol{a}_m \rangle$ を $\{\boldsymbol{a}_1, \cdots, \boldsymbol{a}_m\}$ **により生成される部分空間**といい，$\{\boldsymbol{a}_1, \cdots, \boldsymbol{a}_m\}$ を**その生成元**ということにする．また，上の例で

$$\langle \boldsymbol{e}_1 \rangle \subsetneqq \langle \boldsymbol{e}_1, \boldsymbol{e}_2 \rangle \subsetneqq \langle \boldsymbol{e}_1, \boldsymbol{e}_2, \boldsymbol{e}_3 \rangle$$

となっていることから，つぎの補題が成立することが予想される．

補題 5.2　$\langle \boldsymbol{a}_1, \cdots, \boldsymbol{a}_m \rangle$ に含まれる $\mathbb{R}^n$ の元 $\boldsymbol{b}_1, \cdots, \boldsymbol{b}_l$ をとってくると

$$\langle \boldsymbol{b}_1, \cdots, \boldsymbol{b}_l \rangle \subsetneqq \langle \boldsymbol{a}_1, \cdots, \boldsymbol{a}_m \rangle$$

が成り立つ．

証明　定義より $\boldsymbol{b}_j$ は,

$$\boldsymbol{b}_j = \sum_{i=1}^{m} \beta_{ji} \boldsymbol{a}_i, \qquad \beta_{ji}\text{は実数}$$

という表示を持つ．また，勝手な $\boldsymbol{b} \in \langle \boldsymbol{b}_1, \cdots, \boldsymbol{b}_l \rangle$ は，実数 $\mu_1, \cdots, \mu_l$ を用いて

$$\boldsymbol{b} = \sum_{j=1}^{l} \mu_j \boldsymbol{b}_j$$

と書けるが，これは

$$\begin{aligned} \sum_{j=1}^{l} \mu_j \boldsymbol{b}_j &= \sum_{j=1}^{l} \sum_{i=1}^{m} \mu_j \beta_{ji} \boldsymbol{a}_i \\ &= \sum_{i=1}^{m} \left(\sum_{j=1}^{l} \mu_j \beta_{ji} \right) \boldsymbol{a}_i \in \langle \boldsymbol{a}_1, \cdots, \boldsymbol{a}_m \rangle \end{aligned}$$

となるから，

$$\langle \boldsymbol{b}_1, \cdots, \boldsymbol{b}_l \rangle \subseteqq \langle \boldsymbol{a}_1, \cdots, \boldsymbol{a}_m \rangle$$

が得られる． ■

命題 5.1　$\mathbb{R}^n$ の元 $\{\boldsymbol{a}_1, \cdots, \boldsymbol{a}_m\}, \{\boldsymbol{a}_1{}', \cdots, \boldsymbol{a}'_{m'}\}$ が次の性質を満たすとする：

(i)　各 $\boldsymbol{a}_i$ は $\langle \boldsymbol{a}'_1, \cdots, \boldsymbol{a}'_{m'} \rangle$ に含まれる．

(ii)　各 $\boldsymbol{a}'_j$ は $\langle \boldsymbol{a}_1, \cdots, \boldsymbol{a}_m \rangle$ に含まれる．

このとき

$$\langle \boldsymbol{a}_1, \cdots, \boldsymbol{a}_m \rangle = \langle \boldsymbol{a}'_1, \cdots, \boldsymbol{a}'_{m'} \rangle$$

が成り立つ．

証明　(i) と上の補題から

$$\langle \boldsymbol{a}_1, \cdots, \boldsymbol{a}_m \rangle \subseteqq \langle \boldsymbol{a}'_1, \cdots, \boldsymbol{a}'_{m'} \rangle$$

が得られ，同様に (ii) から

$$\langle \boldsymbol{a}'_1, \cdots, \boldsymbol{a}'_{m'} \rangle \subseteqq \langle \boldsymbol{a}_1, \cdots, \boldsymbol{a}_m \rangle$$

が得られる．両方併せると求める結果が得られる． ■

この命題はある部分線型空間が異なる表示を持つことを意味する．たとえば，すでに例で見たように (x,y) 平面は

$$\langle \boldsymbol{e}_1, \boldsymbol{e}_2 \rangle = \left\langle \begin{pmatrix} 1 \\ 1 \\ 0 \end{pmatrix}, \begin{pmatrix} 0 \\ 2 \\ 0 \end{pmatrix}, \begin{pmatrix} 1 \\ -1 \\ 0 \end{pmatrix} \right\rangle$$

と異なった表示を持つのであった．しかしながら，なるべく無駄のない表示方法，つまり生成元の個数をできるだけ小さくしたい．実際，$\mathbb{R}^n$ の部分線型空間 V に対し，$\{\boldsymbol{a}_1, \cdots, \boldsymbol{a}_m\}$ を

$$V = \langle \boldsymbol{a}_1, \cdots, \boldsymbol{a}_m \rangle$$

を満たし，さらにその個数 m が最小になるようにとったとき，$\{\boldsymbol{a}_1, \cdots, \boldsymbol{a}_m\}$ は V の基底となることがわかる．この事実をみるために次の補題を用意する．

補題 5.3　V の元からなる集合 $\{\boldsymbol{a}_1, \cdots, \boldsymbol{a}_n\}$ が基底となるための必要十分条件は，次の２条件が満たされることである：

(i)　$V = \langle \boldsymbol{a}_1, \cdots, \boldsymbol{a}_n \rangle$
(ii)　$\{\boldsymbol{a}_1, \cdots, \boldsymbol{a}_n\}$ は１次独立

証明　$\{\boldsymbol{a}_1, \cdots, \boldsymbol{a}_n\}$ が基底であれば，(i) と (ii) が成り立つことは容易に確認できる．よって，(i) と (ii) が満たされるとき，$\{\boldsymbol{a}_1, \cdots, \boldsymbol{a}_n\}$ が基底となることを示そう．

(i) より勝手な $x \in V$ は

$$x = \lambda_1 \boldsymbol{a}_1 + \cdots + \lambda_n \boldsymbol{a}_n$$

と表される．この表示がただ１通りであることを見れば良い．

$$x = \lambda'_1 \boldsymbol{a}_1 + \cdots + \lambda'_n \boldsymbol{a}_n$$

を別の表示とすると，辺々引き算して

$$0=(\lambda_1-\lambda_1')\boldsymbol{a}_1+\cdots+(\lambda_n-\lambda_n')\boldsymbol{a}_n$$

が得られるが，条件 (ii) から

$$\lambda_1'=\lambda_1,\quad \cdots,\quad \lambda_n'=\lambda_n$$

でなければならないことがわかる． ■

さて

$$V=\langle \boldsymbol{a}_1,\cdots,\boldsymbol{a}_n\rangle$$

を満たす最小の n に対し，$\{\boldsymbol{a}_1,\cdots,\boldsymbol{a}_n\}$ が V の基底となることを示そう．上の補題によると，$\{\boldsymbol{a}_1,\cdots,\boldsymbol{a}_n\}$ が 1 次独立となることを示せば良い．もし，そうでないとすると

$$\lambda_1\boldsymbol{a}_1+\cdots+\lambda_n\boldsymbol{a}_n=0$$

を満たす $(\lambda_1,\cdots,\lambda_n)\neq(0,\cdots,0)$ が存在することになる．簡単のため $\lambda_n\neq 0$ とすると，等式

$$\boldsymbol{a}_n=-\sum_{j=1}^{n-1}\frac{\lambda_j}{\lambda_n}\boldsymbol{a}_j$$

が得られ，命題 5.1 から

$$\langle \boldsymbol{a}_1,\cdots,\boldsymbol{a}_n\rangle=\langle \boldsymbol{a}_1,\cdots,\boldsymbol{a}_{n-1}\rangle=V$$

がわかるがこれは n の最小性に反する．したがって，$\{\boldsymbol{a}_1,\cdots,\boldsymbol{a}_n\}$ が 1 次独立となることがわかった．特に，V の次元は

$$V=\langle \boldsymbol{a}_1,\cdots,\boldsymbol{a}_n\rangle$$

を満たすベクトルの組 $\{\boldsymbol{a}_1,\cdots,\boldsymbol{a}_n\}$ の個数 n の最小値に等しくなることがわかるので，基底の取り方によらずに決定される．

しかし，実際に部分線型空間の基底をどのように構成すれば良いのであろうか．最初に，積み上げ法と削除法といわれる原始的な方法を紹介する．まず，一つ補題を準備する．

補題 5.4　W を V の部分空間とし，$\{\boldsymbol{w}_1,\cdots,\boldsymbol{w}_m\}$ を W の基底とする．$\boldsymbol{w}_{m+1}\in V$ を

$$\boldsymbol{w}_{m+1}\notin\langle\boldsymbol{w}_1,\cdots,\boldsymbol{w}_m\rangle$$

ととると，次の2つが成り立つ．

(i)　$\langle\boldsymbol{w}_1,\cdots,\boldsymbol{w}_m\rangle\subsetneqq\langle\boldsymbol{w}_1,\cdots,\boldsymbol{w}_{m+1}\rangle$

(ii)　$\{\boldsymbol{w}_1,\cdots,\boldsymbol{w}_{m+1}\}$ は $\langle\boldsymbol{w}_1,\cdots,\boldsymbol{w}_{m+1}\rangle$ の基底となる．

証明　(i) は $\boldsymbol{w}_{m+1}$ の取り方から明らかである．(ii) については，補題 5.3 より，$\{\boldsymbol{w}_1,\cdots,\boldsymbol{w}_{m+1}\}$ が1次独立であることを確認すれば良い．

$$\lambda_1\boldsymbol{w}_1+\cdots+\lambda_{m+1}\boldsymbol{w}_{m+1}=0 \tag{5.7}$$

としよう．もし，$\lambda_{m+1}\neq0$ とすると，

$$\boldsymbol{w}_{m+1}=-\frac{1}{\lambda_{m+1}}(\lambda_1\boldsymbol{w}_1+\cdots+\lambda_m\boldsymbol{w}_m)\in\langle\boldsymbol{w}_1,\cdots,\boldsymbol{w}_m\rangle$$

となり，$\boldsymbol{w}_{m+1}$ のとり方に反するから $\lambda_{m+1}=0$ でなければならない．

したがって (5.7) は

$$\lambda_1\boldsymbol{w}_1+\cdots+\lambda_m\boldsymbol{w}_m=0$$

と書き直され，$\{\boldsymbol{w}_1,\cdots,\boldsymbol{w}_m\}$ は基底であったから，

$$\lambda_1=\cdots=\lambda_m=0$$

が従う．以上より

$$\lambda_1=\cdots=\lambda_{m+1}=0$$

となることがわかった．■

基底の構成方法 1 (積み上げ法)　$\mathbb{R}^3$ の基底を構成してみよう．W を x 軸として，その基底として $\boldsymbol{e}_1$ を選んでおく．W に含まれない3次元ベクトルを一つ選ぶ．たとえば，$\boldsymbol{e}_2$ を選び，部分線型空間

$$W' = \langle \boldsymbol{e}_1, \boldsymbol{e}_2 \rangle$$

を構成する．これに含まれない3次元ベクトルを一つ選ぼう．たとえば $\boldsymbol{e}_3$ を選んだとすると，いままで取り出したベクトルを並べて $\mathbb{R}^3$ の基底 $\{\boldsymbol{e}_1, \boldsymbol{e}_2, \boldsymbol{e}_3\}$ が得られる．

このように，低い次元の部分線型空間を構成し，それに含まれないベクトルを取り出して基底を構成する方法を**積み上げ法**という（図 5.2）．

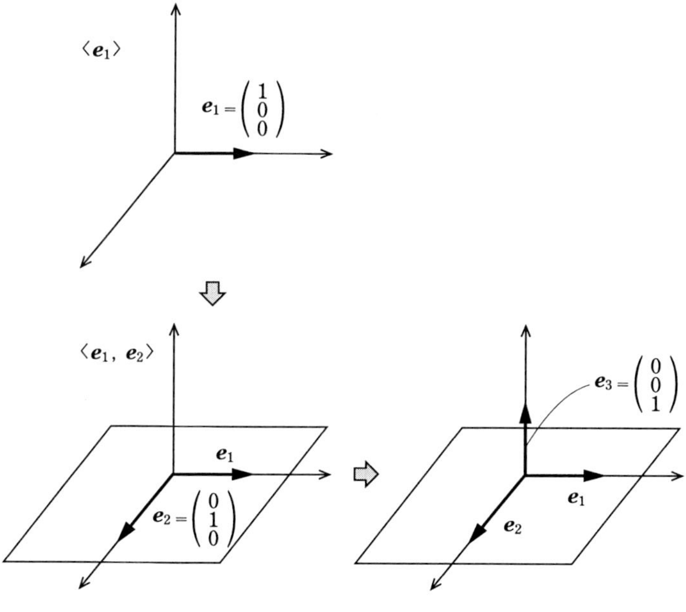

図 5.2

より，一般的な説明は次のようになる：

W を部分線型空間で V に含まれるものとし，$\{\boldsymbol{w}_1, \cdots, \boldsymbol{w}_m\}$ をその基底とする．以下，$W \neq V$ として，$\{\boldsymbol{w}_1, \cdots, \boldsymbol{w}_m\}$ にいくつかの元を付け加えて，V の基底をつくることを考えよう．

まず，$\boldsymbol{w}_{m+1} \in V$ を，$\boldsymbol{w}_{m+1} \notin W = \langle \boldsymbol{w}_1, \cdots, \boldsymbol{w}_m \rangle$ ととると，補題 5.4 より $\{\boldsymbol{w}_1, \cdots, \boldsymbol{w}_{m+1}\}$ は $\langle \boldsymbol{w}_1, \cdots, \boldsymbol{w}_{m+1} \rangle$ の基底となる．もし，$V \neq \langle \boldsymbol{w}_1, \cdots, \boldsymbol{w}_{m+1} \rangle$

のときは，$\boldsymbol{w}_{m+2} \notin \langle \boldsymbol{w}_1, \cdots, \boldsymbol{w}_{m+1} \rangle$ となるように $\boldsymbol{w}_{m+2} \in V$ をとると再び補題 5.4 より，$\{\boldsymbol{w}_1, \cdots, \boldsymbol{w}_{m+2}\}$ は $\langle \boldsymbol{w}_1, \cdots, \boldsymbol{w}_{m+2} \rangle$ の基底となる．これを

$$V = \langle \boldsymbol{w}_1, \cdots, \boldsymbol{w}_{m+l} \rangle$$

となるまで繰り返すと，V の基底 $\{\boldsymbol{w}_1, \cdots, \boldsymbol{w}_{m+l}\}$ が得られる．

特に

$$\dim W = m \leqq m + l = \dim V$$

より，次の補題が得られる．

補題 5.5　W を部分線型空間で V に含まれるものとすると，

$$\dim W \leqq \dim V$$

が成り立つ．

基底の構成方法 2（削除法）　以前，例 5.2 で見たように V を (x, y) 平面とすると，

$$V = \left\langle \begin{pmatrix} 1 \\ 1 \\ 0 \end{pmatrix}, \begin{pmatrix} 0 \\ 2 \\ 0 \end{pmatrix}, \begin{pmatrix} 1 \\ -1 \\ 0 \end{pmatrix} \right\rangle$$

であった．ここで，V は 2 次元だから，これらの 3 つのベクトルは V の基底とはならない．実際，一つベクトルが余分なのである．これらの中から，余分なものを 1 つ削って基底を構成しよう．

$$\boldsymbol{a}_1 = \begin{pmatrix} 1 \\ 1 \\ 0 \end{pmatrix}$$

とし，$W = \langle \boldsymbol{a}_1 \rangle$ とおく．$\{\boldsymbol{a}_2, \boldsymbol{a}_3\}$ のうち，W に含まれないものを一つ選ぶ．この場合は，いずれも含まれないが，たとえば $\boldsymbol{a}_2$ を取ることにする．このとき，

$$\langle \boldsymbol{a}_1, \boldsymbol{a}_2 \rangle$$

は V に一致するので，補題 5.4 から $\{\boldsymbol{a}_1, \boldsymbol{a}_2\}$ は，V の基底となることがわかる．このように，生成元のうち余分なものを削除して基底を構成する方法を**削除法**という．一般的な手順はつぎのようになる：

いま，部分線型空間 V が，$\{\boldsymbol{a}_1, \cdots, \boldsymbol{a}_m\}$ により生成されているものとする：

$$V = \langle \boldsymbol{a}_1, \cdots, \boldsymbol{a}_m \rangle$$

このとき，$\{\boldsymbol{a}_1, \cdots, \boldsymbol{a}_m\}$ から，適当な元を選び出し，$\{\boldsymbol{a}_{i_1}, \cdots, \boldsymbol{a}_{i_l}\}$ が V の基底となるようにしたい．以下，各 $\boldsymbol{a}_i$ は 0 ではないとする．

まず，$i_1 = 1$ とおき，

$$\boldsymbol{a}_i \notin \langle \boldsymbol{a}_1 \rangle$$

となる最小の i を i_2 とおく．このとき

$$\langle \boldsymbol{a}_1 \rangle = \langle \boldsymbol{a}_1, \boldsymbol{a}_2 \rangle = \cdots = \langle \boldsymbol{a}_1, \cdots, \boldsymbol{a}_{i_2-1} \rangle$$

となり，さらに

$$\langle \boldsymbol{a}_1 \rangle = \langle \boldsymbol{a}_{i_1} \rangle \subsetneqq \langle \boldsymbol{a}_{i_1}, \boldsymbol{a}_{i_2} \rangle$$

となる．補題 5.4 より $\{\boldsymbol{a}_{i_1}, \boldsymbol{a}_{i_2}\}$ は $\langle \boldsymbol{a}_{i_1}, \boldsymbol{a}_{i_2} \rangle$ の基底となる．$V \neq \langle \boldsymbol{a}_{i_1}, \boldsymbol{a}_{i_2} \rangle$ のときは，

$$\boldsymbol{a}_i \notin \langle \boldsymbol{a}_{i_1}, \boldsymbol{a}_{i_2} \rangle$$

となる最小の i を i_3 とすると，

$$\langle \boldsymbol{a}_1, \cdots, \boldsymbol{a}_{i_2} \rangle = \cdots = \langle \boldsymbol{a}_1, \cdots, \boldsymbol{a}_{i_3-1} \rangle = \langle \boldsymbol{a}_{i1}, \boldsymbol{a}_{i2} \rangle$$

$$\langle \boldsymbol{a}_{i_1}, \boldsymbol{a}_{i_2} \rangle \subsetneqq \langle \boldsymbol{a}_{i_1}, \boldsymbol{a}_{i_2}, \boldsymbol{a}_{i_3} \rangle$$

となり，再び補題 5.4 から $\{\boldsymbol{a}_{i_1}, \boldsymbol{a}_{i_2}, \boldsymbol{a}_{i_3}\}$ は $\langle \boldsymbol{a}_{i_1}, \boldsymbol{a}_{i_2}, \boldsymbol{a}_{i_3} \rangle$ の基底となる．この操作を

$$V = \langle \boldsymbol{a}_{i_1}, \cdots, \boldsymbol{a}_{i_l} \rangle$$

となるまで繰り返すと，V の基底

$$\{\boldsymbol{a}_{i_1}, \cdots, \boldsymbol{a}_{i_l}\}$$

が得られる．

特に，

$$\dim V = l \leqq m$$

となるので，次の補題が得られる．

補題 5.6　$V = \langle \boldsymbol{a}_1, \cdots, \boldsymbol{a}_m \rangle$ とすると，

$$\dim V \leqq m$$

が成り立つ．

実は，これらの方法は現実の問題に対しては，それほど有効ではない．実際に実行しようとすると，行程におけるいくつかの条件（たとえば，あるベクトルがある部分線型空間に含まれているかなど）をチェックするのがなかなか困難なためである．そこで，ここではガウスの消去法を用いた第３の方法を解説しよう．

そのために，部分線型空間

$$\langle \boldsymbol{a}_1, \cdots, \boldsymbol{a}_m \rangle$$

に対し，その**生成元の基本変形１,２,３**を次のように定める．

基本変形１　$\boldsymbol{a}_i$ と $\boldsymbol{a}_j$ を入れかえる：

$$\langle \boldsymbol{a}_1, \cdots, \boldsymbol{a}_i, \cdots, \boldsymbol{a}_j, \cdots, \boldsymbol{a}_m \rangle \longrightarrow \langle \boldsymbol{a}_1, \cdots, \boldsymbol{a}_j, \cdots, \boldsymbol{a}_i, \cdots, \boldsymbol{a}_m \rangle$$

基本変形２　$\boldsymbol{a}_i$ に 0 でない数 λ を掛ける：

$$\langle \boldsymbol{a}_1, \cdots, \boldsymbol{a}_i, \cdots, \boldsymbol{a}_m \rangle \longrightarrow \langle \boldsymbol{a}_1, \cdots, \lambda \boldsymbol{a}_i, \cdots, \boldsymbol{a}_m \rangle$$

基本変形３　$\boldsymbol{a}_i$ に適当な数 α を掛けて，別の $\boldsymbol{a}_j$ に加える：

$$\langle \boldsymbol{a}_1, \cdots, \boldsymbol{a}_i, \cdots, \boldsymbol{a}_j, \cdots, \boldsymbol{a}_m \rangle \longrightarrow \langle \boldsymbol{a}_1, \cdots, \boldsymbol{a}_i, \cdots, \alpha \boldsymbol{a}_i + \boldsymbol{a}_j, \cdots, \boldsymbol{a}_m \rangle$$

この操作は連立１次方程式を解く際に用いた方程式の基本変形と基本的に同じ

である（行ベクトルに対する操作が列ベクトルに対する操作に変わっただけである）．この操作は，次の性質を持つため基底を求めるには有効な手段となる．

命題 5.2　生成元の基本変形により $\langle \boldsymbol{a}_1,\cdots,\boldsymbol{a}_m\rangle$ は変わらない．

証明　命題 5.1 より直ちに得られるが，ここでは基本変形 3 により $\langle \boldsymbol{a}_1,\cdots,\boldsymbol{a}_m\rangle$ が不変であることを確認しよう．$\boldsymbol{a}'_j=\alpha\boldsymbol{a}_i+\boldsymbol{a}_j$ とおく．

$$\{\boldsymbol{a}_1,\cdots,\boldsymbol{a}_i,\cdots,\boldsymbol{a}_j,\cdots,\boldsymbol{a}_m\} \quad \text{及び} \quad \{\boldsymbol{a}_1,\cdots,\boldsymbol{a}_i,\cdots,\boldsymbol{a}'_j,\cdots,\boldsymbol{a}_m\}$$

について命題 5.1 の条件が成り立つことを見れば良いが，

$$\boldsymbol{a}'_j\in\langle \boldsymbol{a}_1,\cdots,\boldsymbol{a}_i,\cdots,\boldsymbol{a}_j,\cdots,\boldsymbol{a}_m\rangle$$

は明らかに成り立ち，

$$\boldsymbol{a}_j=\boldsymbol{a}'_j-\alpha\boldsymbol{a}_i\in\langle \boldsymbol{a}_1,\cdots,\boldsymbol{a}_i,\cdots,\boldsymbol{a}'_j,\cdots,\boldsymbol{a}_m\rangle$$

となるから命題の条件は満たされていることが確認される．　■

以下，$\boldsymbol{a}_i$ は $\mathbb{R}^n$ の元として，$\{\boldsymbol{a}_1,\cdots,\boldsymbol{a}_m\}$ により生成される部分空間 $\langle \boldsymbol{a}_1,\cdots,\boldsymbol{a}_m\rangle$ の基底の求め方を説明する．

上の命題から，生成元の基本変形により $\langle \boldsymbol{a}_1,\cdots,\boldsymbol{a}_m\rangle$ は変わらないことに注意する．基本変形を行いやすくするために，$\boldsymbol{a}_i$ の転置ベクトル ${}^t\boldsymbol{a}_i$ を考え，これを縦に並べて A の転置行列

$${}^tA=\begin{pmatrix} {}^t\boldsymbol{a}_1 \\ \vdots \\ {}^t\boldsymbol{a}_m \end{pmatrix}$$

をつくる．このとき，生成元の基本変形は，行列 ${}^tA$ の行ベクトルの基本変形となることに注意しよう．${}^tA$ を行ベクトルの基本変形によりガウス行列 Γ に変形する：

$$\Gamma = \begin{pmatrix} {}^t\boldsymbol{g}_1 \\ \vdots \\ {}^t\boldsymbol{g}_l \\ 0 \\ \vdots \\ 0 \end{pmatrix} \quad ({}^t\boldsymbol{g}_i \neq 0)$$

このとき，命題 5.2 から

$$\langle \boldsymbol{a}_1, \cdots, \boldsymbol{a}_m \rangle = \langle \boldsymbol{g}_1, \cdots, \boldsymbol{g}_l \rangle$$

が従う．さらに，次の補題と補題 5.3 から $\{\boldsymbol{g}_1, \cdots, \boldsymbol{g}_l\}$ が $\langle \boldsymbol{a}_1, \cdots, \boldsymbol{a}_m \rangle$ の基底となることがわかる．また $l = r({}^tA)$ であることに注意すると，

$$r({}^tA) = \dim \langle \boldsymbol{a}_1, \cdots, \boldsymbol{a}_m \rangle$$

となることがわかる．

補題 5.7 $\{\boldsymbol{g}_1, \cdots, \boldsymbol{g}_l\}$ は 1 次独立である．

証明 たとえば，ガウス行列

$$\Gamma = \begin{pmatrix} 1 & 5 & 3 & 6 \\ 0 & 1 & 0 & 7/2 \\ 0 & 0 & 0 & 1 \end{pmatrix}$$

で考察してみよう．このとき，

$$\boldsymbol{g}_1 = \begin{pmatrix} 1 \\ 5 \\ 3 \\ 6 \end{pmatrix}, \quad \boldsymbol{g}_2 = \begin{pmatrix} 0 \\ 1 \\ 0 \\ 7/2 \end{pmatrix}, \quad \boldsymbol{g}_3 = \begin{pmatrix} 0 \\ 0 \\ 0 \\ 1 \end{pmatrix}$$

となる．実数 $\lambda_1, \lambda_2, \lambda_3$ により

$$\lambda_1 \boldsymbol{g}_1 + \lambda_2 \boldsymbol{g}_2 + \lambda_3 \boldsymbol{g}_3 = 0 \tag{5.8}$$

が成り立っているとすると，左辺の第1成分は λ_1 となるから，

$$\lambda_1 = 0$$

が得られる．(5.8) に代入し，

$$\lambda_2 \boldsymbol{g}_2 + \lambda_3 \boldsymbol{g}_3 = 0 \tag{5.9}$$

となるが，第2成分を比較して

$$\lambda_2 = 0$$

が得られる．さらに，これを (5.9) に代入し第4成分を比較すると

$$\lambda_3 = 0$$

が従う．よって $\lambda_1 = \lambda_2 = \lambda_3 = 0$ となり $\{\boldsymbol{g}_1, \boldsymbol{g}_2, \boldsymbol{g}_3\}$ は1次独立となることがわかる．一般の場合も，同様にして，関係式

$$\lambda_1 \boldsymbol{g}_1 + \cdots + \lambda_l \boldsymbol{g}_l = 0$$

の左辺の成分を上から見ていくことにより，

$$\lambda_1 = \cdots = \lambda_l = 0$$

が得られる． ■

この方法はつぎの例が示すように，具体的な問題に対して極めて有効である．たとえば，部分線型空間

$$\left\langle \begin{pmatrix} 1 \\ 1 \\ 2 \\ 5 \end{pmatrix}, \begin{pmatrix} 1 \\ 2 \\ 3 \\ 7 \end{pmatrix}, \begin{pmatrix} 1 \\ 3 \\ 4 \\ 9 \end{pmatrix} \right\rangle$$

の基底を求めてみよう．これらの転置ベクトルを縦に並べて，行列

$$\begin{pmatrix} 1 & 1 & 2 & 5 \\ 1 & 2 & 3 & 7 \\ 1 & 3 & 4 & 9 \end{pmatrix}$$

をつくる．これに基本変形を施してガウス行列に変形すると

$$\begin{pmatrix} 1 & 1 & 2 & 5 \\ 0 & 1 & 1 & 2 \\ 0 & 0 & 0 & 0 \end{pmatrix}$$

となることがわかるから，求める基底の一つは

$$\left\{ \begin{pmatrix} 1 \\ 1 \\ 2 \\ 5 \end{pmatrix}, \begin{pmatrix} 0 \\ 1 \\ 1 \\ 2 \end{pmatrix} \right\}$$

となり，特にその次元は２となる．ここで，基底は一通りには決定されないことに注意しよう．実際，１番目のベクトルの代わりに，それから２番目のベクトルを引いて得られるベクトルを用いた

$$\left\{ \begin{pmatrix} 1 \\ 0 \\ 1 \\ 3 \end{pmatrix}, \begin{pmatrix} 0 \\ 1 \\ 1 \\ 2 \end{pmatrix} \right\}$$

も基底となる．

また，ガウス消去法による基底の求め方は理論的にも有用な事実を導く．以下，先ほどと同じ記号を用いるとする．n 次元縦ベクトル $\{\boldsymbol{a}_1,\cdots,\boldsymbol{a}_m\}$ を横に並べて，(n,m) 型行列

$$A=(\boldsymbol{a}_1,\cdots,\boldsymbol{a}_m)$$

をつくる．${}^tA$ の階数を l とすると，

$$l=\dim\langle\boldsymbol{a}_1,\cdots,\boldsymbol{a}_m\rangle$$

が成り立つことはすでに見た．この事実から次の命題が得られる．

命題 5.3　(m,n) 型行列 A の列ベクトル表示

$$A=(\boldsymbol{a}^1,\cdots,\boldsymbol{a}^n)$$

を考えると，

$$r({}^tA)=\dim\langle\boldsymbol{a}^1,\cdots,\boldsymbol{a}^n\rangle$$

が成り立つ．

ここで定理 2.3 (p.46) の証明を述べよう．

証明　$l=r(A)$ とする．

$$A=\begin{pmatrix} a_{11} & \cdots & a_{1n} \\ \vdots & \ddots & \vdots \\ a_{m1} & \cdots & a_{mn} \end{pmatrix}=\begin{pmatrix} {}^t\boldsymbol{a}_1 \\ \vdots \\ {}^t\boldsymbol{a}_m \end{pmatrix}, \quad \boldsymbol{a}_i=\begin{pmatrix} a_{i1} \\ \vdots \\ a_{in} \end{pmatrix}$$

を基本変形によりガウス行列

$$\varGamma=\begin{pmatrix} {}^t\boldsymbol{g}_1 \\ \vdots \\ {}^t\boldsymbol{g}_l \\ 0 \\ \vdots \\ 0 \end{pmatrix}, \quad \boldsymbol{g}_i=\begin{pmatrix} g_{i1} \\ \vdots \\ g_{in} \end{pmatrix}\neq 0$$

に変形すると，すでに説明したように $\{\boldsymbol{g}_1,\cdots,\boldsymbol{g}_l\}$ は $\langle\boldsymbol{a}_1,\cdots,\boldsymbol{a}_m\rangle$ の基底となる．したがって，各 $\boldsymbol{a}_i$ は

$$\boldsymbol{a}_i=c_{i1}\boldsymbol{g}_1+\cdots+c_{il}\boldsymbol{g}_l$$

と表示される．これは

$$\begin{pmatrix} a_{i1} \\ \vdots \\ a_{in} \end{pmatrix} = c_{i1} \begin{pmatrix} g_{11} \\ \vdots \\ g_{1n} \end{pmatrix} + \cdots + c_{il} \begin{pmatrix} g_{l1} \\ \vdots \\ g_{ln} \end{pmatrix}$$

と成分表示されるから，

$$a_{ik} = \sum_{j=1}^{l} c_{ij} g_{jk}, \quad 1 \leqq k \leqq n, \quad 1 \leqq i \leqq m$$

が得られる．したがって

$$\begin{pmatrix} a_{1k} \\ \vdots \\ a_{mk} \end{pmatrix} = \begin{pmatrix} \sum_{j=1}^{l} g_{jk} c_{1j} \\ \vdots \\ \sum_{j=1}^{l} g_{jk} c_{mj} \end{pmatrix} = g_{1k} \begin{pmatrix} c_{11} \\ \vdots \\ c_{m1} \end{pmatrix} + \cdots + g_{lk} \begin{pmatrix} c_{1l} \\ \vdots \\ c_{ml} \end{pmatrix} \tag{5.10}$$

となる．ここで，

$$\boldsymbol{c}_j = \begin{pmatrix} c_{1j} \\ \vdots \\ c_{mj} \end{pmatrix}, \quad \boldsymbol{a}^k = \begin{pmatrix} a_{1k} \\ \vdots \\ a_{mk} \end{pmatrix}$$

とおくと，$\boldsymbol{a}^k$ は A の列ベクトルで，(5.10) より

$$\boldsymbol{a}^k \in \langle \boldsymbol{c}_1, \cdots, \boldsymbol{c}_l \rangle$$

となるから，補題 5.4 より

$$\langle \boldsymbol{a}^1, \cdots, \boldsymbol{a}^n \rangle \subseteqq \langle \boldsymbol{c}_1, \cdots, \boldsymbol{c}_l \rangle$$

となり補題 5.6 と補題 5.5 から

$$\begin{aligned} \dim \langle \boldsymbol{a}^1, \cdots, \boldsymbol{a}^n \rangle &\leqq \dim \langle \boldsymbol{c}_1, \cdots, \boldsymbol{c}_l \rangle \\ &\leqq l = r(A) \end{aligned}$$

が従う．ここで，命題 5.3 を用いると

$$r({}^tA) \leqq r(A) \tag{5.11}$$

が得られる．この不等式を ${}^tA$ に対して適用すると

$$r({}^t({}^tA)) \leqq r({}^tA)$$

が得られるが

$${}^t({}^tA) = A$$

より

$$r(A) \leqq r({}^tA)$$

が得られた．(5.11) とこの不等式を併せて

$$r(A) = r({}^tA)$$

が従う． ■

演　習　問　題

1. A を (m,n) 型行列とし，V を $\mathbb{R}^n$ の部分線型空間とする：

$$V = \langle \boldsymbol{v}_1, \cdots, \boldsymbol{v}_l \rangle$$

このとき，$A(V)$ は $\mathbb{R}^m$ の部分線型空間となり，

$$A(V) = \langle A\boldsymbol{v}_1, \cdots, A\boldsymbol{v}_l \rangle$$

となることを示せ．

2.

$$A = \begin{pmatrix} 1 & -1 & 0 \\ 0 & 1 & 1 \\ 1 & -1 & 0 \end{pmatrix}, \qquad V = \left\langle \begin{pmatrix} 1 \\ 1 \\ 1 \end{pmatrix}, \begin{pmatrix} 0 \\ 0 \\ 1 \end{pmatrix} \right\rangle$$

とする．このとき，次の問いに答えよ．

(1)　$A(V)$ の基底を求めよ．

(2)　$\dim A(V) \leqq r(A)$ となることを確認せよ．

3. A を (m,n) 型行列，V を $\mathbb{R}^n$ の部分線型空間とすると，

$$\dim A(V) \leqq \dim V$$

となることを示せ．

4. (m,n) 型行列 X に対し，

$$\dim X(\mathbb{R}^n) = r(X)$$

となることを示せ．

5. A を (l,m) 型行列，B を (m,n) 型行列とするとき

$$r(AB) \leqq r(A), r(B)$$

が成り立つことを示せ．

第 6 章

線型写像

6.1　線型写像の例

次のような問題を考える．

例題 6.1　直線 l を

$$y=cx \qquad (c \text{ は定数})$$

により定め，l を対称軸に持つ対称変換を R とする．

平面上の点

$$\mathrm{P}=\begin{pmatrix} p_1 \\ p_2 \end{pmatrix}$$

を R で移した点 $R(\mathrm{P})$ の座標を求めよ．

この問題は $c=0$，つまり，l が x 軸のときは

$$R(\mathrm{P})=\begin{pmatrix} p_1 \\ -p_2 \end{pmatrix}$$

と簡単に解ける（図 6.1）.

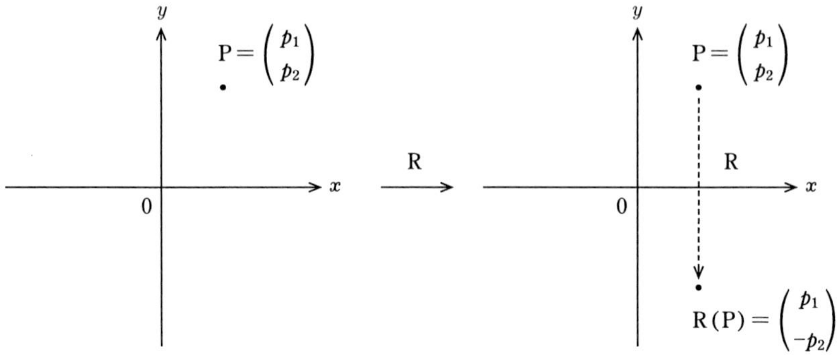

図 6.1

したがって一般の場合も，この場合に帰着することを考える．そのために，まず変換 R の性質を調べよう．

実は，図により平面上の点 x,y と実数 α,β に対し

$$R(\alpha x+\beta y)=\alpha R(x)+\beta R(y) \tag{6.1}$$

という，**線型性**といわれる性質を持つことが確かめられる．この性質を深く理解することがこの章の目的である．

● **問 6.1**　等式 (6.1) が成り立つことを図を書いて確かめよ．

さて，どのようにして一般の場合を l が x 軸の場合に帰着すればよいのであろうか．すぐに思いつくのが，図形を回転して l を x 軸に重ねれば良いのではないかということである．そのために直線 l 上に長さ 1 のベクトル

$$\boldsymbol{a}_1=\frac{1}{\sqrt{1+c^2}}\begin{pmatrix} 1 \\ c \end{pmatrix}$$

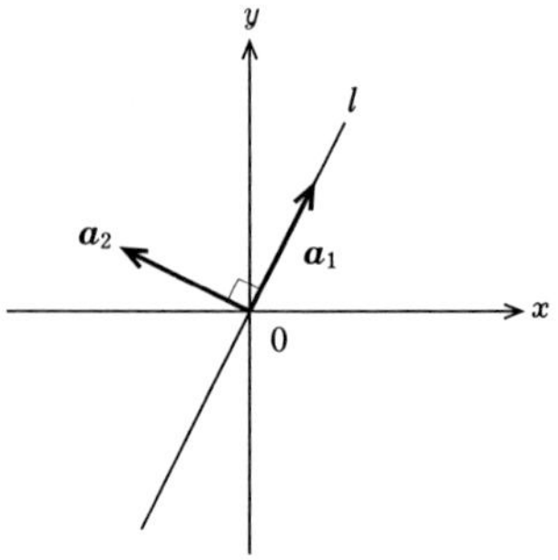

図 6.2

をとり，これと直交する長さ１のベクトル

$$\boldsymbol{a}_2=\frac{1}{\sqrt{1+c^2}}\begin{pmatrix}-c\\1\end{pmatrix}$$

を考える．明らかに

$$R(\boldsymbol{a}_1)=\boldsymbol{a}_1,\qquad R(\boldsymbol{a}_2)=-\boldsymbol{a}_2 \tag{6.2}$$

が成り立つ．次に，平面上の点

$$P=\begin{pmatrix}p_1\\p_2\end{pmatrix}$$

を，実数 λ_1,λ_2 を用いて

$$P=\lambda_1\boldsymbol{a}_1+\lambda_2\boldsymbol{a}_2$$

と表示しよう．そのためには等式を成分表示して，方程式

$$\begin{cases}p_1=\dfrac{1}{\sqrt{1+c^2}}(\lambda_1-c\lambda_2)\\[2ex] p_2=\dfrac{1}{\sqrt{1+c^2}}(c\lambda_1+\lambda_2)\end{cases}$$

を λ_1,λ_2 について解けば良いが，この方程式は

$$\begin{pmatrix}p_1\\p_2\end{pmatrix}=\frac{1}{\sqrt{1+c^2}}\begin{pmatrix}1&-c\\c&1\end{pmatrix}\begin{pmatrix}\lambda_1\\\lambda_2\end{pmatrix}$$

と行列表示されるので，逆行列を両辺に掛けて

$$\begin{pmatrix}\lambda_1\\\lambda_2\end{pmatrix}=\frac{1}{\sqrt{1+c^2}}\begin{pmatrix}1&c\\-c&1\end{pmatrix}\begin{pmatrix}p_1\\p_2\end{pmatrix} \tag{6.3}$$

と求められる．また R の線型性を用いて，

$$R(\mathrm{P})=\lambda_1R(\boldsymbol{a}_1)+\lambda_2R(\boldsymbol{a}_2)$$

となるが (6.2) より，これは

$$\lambda_1 \boldsymbol{a}_1 - \lambda_2 \boldsymbol{a}_2$$

に等しく，(6.3) を代入して

$$R(\mathrm{P}) = \frac{1}{1+c^2} \begin{pmatrix} (1-c^2)p_1 + 2cp_2 \\ 2cp_1 + (c^2-1)p_2 \end{pmatrix}$$

と $R(\mathrm{P})$ が求められる．また，この式は

$$R(\mathrm{P}) = \frac{1}{1+c^2} \begin{pmatrix} 1-c^2 & 2c \\ 2c & c^2-1 \end{pmatrix} \begin{pmatrix} p_1 \\ p_2 \end{pmatrix}$$

と行列を点 P のベクトルに掛ける形に表示される．

この解法において重要なポイントは以下の２つである．

(i) $\{\boldsymbol{e}_1, \boldsymbol{e}_2\}$, $\{\boldsymbol{a}_1, \boldsymbol{a}_2\}$ は，それぞれ $\mathbb{R}^2$ の基底である．

(ii) R は線型写像である．つまり，等式

$$R(\alpha \boldsymbol{x} + \beta \boldsymbol{y}) = \alpha R(\boldsymbol{x}) + \beta R(\boldsymbol{y})$$

を満たす．

一般に，$\{\boldsymbol{b}_1, \boldsymbol{b}_2\}$ を $\mathbb{R}^2$ の基底とすると，基底の定義から

$$R(\boldsymbol{b}_1) = \beta_{11} \boldsymbol{b}_1 + \beta_{21} \boldsymbol{b}_2$$

$$R(\boldsymbol{b}_2) = \beta_{12} \boldsymbol{b}_1 + \beta_{22} \boldsymbol{b}_2$$

を満たす実数 $\{\beta_{11}, \beta_{12}, \beta_{21}, \beta_{22}\}$ が定まる．これらを並べて得られる２次行列

$$\begin{pmatrix} \beta_{11} & \beta_{12} \\ \beta_{21} & \beta_{22} \end{pmatrix}$$

を基底 $\{\boldsymbol{b}_1, \boldsymbol{b}_2\}$ についての R の**行列表示**と呼ぶことにする．たとえば $\{\boldsymbol{a}_1, \boldsymbol{a}_2\}$ についての R の行列表示 M' は，

$$R(\boldsymbol{a}_1) = 1 \cdot \boldsymbol{a}_1 + 0 \cdot \boldsymbol{a}_2$$

$$R(\boldsymbol{a}_2) = 0 \cdot \boldsymbol{a}_1 + (-1) \cdot \boldsymbol{a}_2$$

より，

$$M' = \begin{pmatrix} 1 & 0 \\ 0 & -1 \end{pmatrix}$$

となる．次に標準基底 $\{\boldsymbol{e}_1, \boldsymbol{e}_2\}$ についての R の行列表示 M を求めよう．そのために，**基底の変換**という概念を導入する．

一般に $\boldsymbol{b} = \{\boldsymbol{b}_1, \boldsymbol{b}_2\}$, $\boldsymbol{c} = \{\boldsymbol{c}_1, \boldsymbol{c}_2\}$ を $\mathbb{R}^2$ の２つの基底とすると，

$$\boldsymbol{c}_1 = s_{11}\boldsymbol{b}_1 + s_{21}\boldsymbol{b}_2 \tag{6.4}$$

$$\boldsymbol{c}_2 = s_{12}\boldsymbol{b}_1 + s_{22}\boldsymbol{b}_2 \tag{6.5}$$

により，２次行列

$$\begin{pmatrix} s_{11} & s_{12} \\ s_{21} & s_{22} \end{pmatrix}$$

が定まる．これを基底 $\boldsymbol{c}$ から $\boldsymbol{b}$ への**変換行列**といい

$$T(\boldsymbol{c} \to \boldsymbol{b})$$

で表す．また，$\boldsymbol{b}$ と $\boldsymbol{c}$ の立場を入れ替えて

$$\boldsymbol{b}_1 = t_{11}\boldsymbol{c}_1 + t_{21}\boldsymbol{c}_2 \tag{6.6}$$

$$\boldsymbol{b}_2 = t_{12}\boldsymbol{c}_1 + t_{22}\boldsymbol{c}_2 \tag{6.7}$$

と書くと，$\boldsymbol{b}$ から $\boldsymbol{c}$ への変換行列

$$T(\boldsymbol{b} \to \boldsymbol{c}) = \begin{pmatrix} t_{11} & t_{12} \\ t_{21} & t_{22} \end{pmatrix}$$

が得られる．このとき $T(\boldsymbol{c} \to \boldsymbol{b})$ と $T(\boldsymbol{b} \to \boldsymbol{c})$ は互いに他の逆行列となる．実際，(6.4),(6.5) をそれぞれ (6.6) に代入すると，

$$\begin{aligned} \boldsymbol{b}_1 &= t_{11}\boldsymbol{c}_1 + t_{21}\boldsymbol{c}_2 \\ &= t_{11}(s_{11}\boldsymbol{b}_1 + s_{21}\boldsymbol{b}_2) + t_{21}(s_{12}\boldsymbol{b}_1 + s_{22}\boldsymbol{b}_2) \\ &= (s_{11}t_{11} + s_{12}t_{21})\boldsymbol{b}_1 + (s_{21}t_{11} + s_{22}t_{21})\boldsymbol{b}_2 \end{aligned}$$

となり，ここで $\boldsymbol{b}=\{\boldsymbol{b}_1,\boldsymbol{b}_2\}$ は基底であったから

$$1=s_{11}t_{11}+s_{12}t_{21}$$

$$0=s_{21}t_{11}+s_{22}t_{21}$$

が得られる．同様の操作を (6.7) について行うと

$$0=s_{11}t_{12}+s_{12}t_{22}$$

$$1=s_{21}t_{12}+s_{22}t_{22}$$

が得られる．したがって

$$\begin{pmatrix} s_{11} & s_{12} \\ s_{21} & s_{22} \end{pmatrix}\begin{pmatrix} t_{11} & t_{12} \\ t_{21} & t_{22} \end{pmatrix}=\begin{pmatrix} 1 & 0 \\ 0 & 1 \end{pmatrix}$$

つまり，

$$T(\boldsymbol{b}\to\boldsymbol{c})=T(\boldsymbol{c}\to\boldsymbol{b})^{-1} \tag{6.8}$$

となることがわかった．

これらの考察を例題に適用しよう．

$$\boldsymbol{a}_1=\frac{1}{\sqrt{1+c^2}}\begin{pmatrix} 1 \\ c \end{pmatrix}=\frac{1}{\sqrt{1+c^2}}(\boldsymbol{e}_1+c\boldsymbol{e}_2)$$

及び，

$$\boldsymbol{a}_2=\frac{1}{\sqrt{1+c^2}}\begin{pmatrix} -c \\ 1 \end{pmatrix}=\frac{1}{\sqrt{1+c^2}}(-c\boldsymbol{e}_1+\boldsymbol{e}_2)$$

より，基底 $\boldsymbol{a}=\{\boldsymbol{a}_1,\boldsymbol{a}_2\}$ から基底 $\boldsymbol{e}=\{\boldsymbol{e}_1,\boldsymbol{e}_2\}$ への変換行列は

$$T(\boldsymbol{a}\to\boldsymbol{e})=\frac{1}{\sqrt{1+c^2}}\begin{pmatrix} 1 & -c \\ c & 1 \end{pmatrix}$$

となることがわかる．したがって $T(\boldsymbol{e}\to\boldsymbol{a})$ は，その逆行列となり，

$$T(\boldsymbol{e}\to\boldsymbol{a})=\frac{1}{\sqrt{1+c^2}}\begin{pmatrix}1 & c\\ -c & 1\end{pmatrix}$$

と求められる.

ここで再び一般の場合について考察する．一般に R を $\mathbb{R}^2$ からそれ自身への線型写像とし，$\boldsymbol{b}$ と $\boldsymbol{c}$ を $\mathbb{R}^2$ の勝手な基底とする．このとき R の，基底 $\boldsymbol{b}$ と $\boldsymbol{c}$ による行列表示を，それぞれ

$$\begin{pmatrix}\beta_{11} & \beta_{12}\\ \beta_{21} & \beta_{22}\end{pmatrix},\quad \begin{pmatrix}\gamma_{11} & \gamma_{12}\\ \gamma_{21} & \gamma_{22}\end{pmatrix}$$

とおく．これらの関係について考察しよう．定義からそれらの係数は

$$R(\boldsymbol{b}_1)=\beta_{11}\boldsymbol{b}_1+\beta_{21}\boldsymbol{b}_2 \tag{6.9}$$

$$R(\boldsymbol{b}_2)=\beta_{12}\boldsymbol{b}_1+\beta_{22}\boldsymbol{b}_2 \tag{6.10}$$

および

$$R(\boldsymbol{c}_1)=\gamma_{11}\boldsymbol{c}_1+\gamma_{21}\boldsymbol{c}_2 \tag{6.11}$$

$$R(\boldsymbol{c}_2)=\gamma_{12}\boldsymbol{c}_1+\gamma_{22}\boldsymbol{c}_2 \tag{6.12}$$

により求められた．また，基底 $\boldsymbol{c}$ から $\boldsymbol{b}$ への変換行列

$$T(\boldsymbol{c}\to\boldsymbol{b})=\begin{pmatrix}s_{11} & s_{12}\\ s_{21} & s_{22}\end{pmatrix}$$

の係数は

$$\boldsymbol{c}_1=s_{11}\boldsymbol{b}_1+s_{21}\boldsymbol{b}_2 \tag{6.13}$$

$$\boldsymbol{c}_2=s_{12}\boldsymbol{b}_1+s_{22}\boldsymbol{b}_2 \tag{6.14}$$

により求められた．(6.11) の左辺を (6.13) と R の線型性を用いて計算すると，

$$\begin{aligned}R(\boldsymbol{c}_1)&=R(s_{11}\boldsymbol{b}_1+s_{21}\boldsymbol{b}_2)\\ &=s_{11}R(\boldsymbol{b}_1)+s_{21}R(\boldsymbol{b}_2)\\ &=s_{11}(\beta_{11}\boldsymbol{b}_1+\beta_{21}\boldsymbol{b}_2)+s_{21}(\beta_{12}\boldsymbol{b}_1+\beta_{22}\boldsymbol{b}_2)\end{aligned}$$

$$=(\beta_{11}s_{11}+\beta_{12}s_{21})\boldsymbol{b}_1+(\beta_{21}s_{11}+\beta_{22}s_{21})\boldsymbol{b}_2$$

が得られる．同様に (6.12) の左辺も (6.14) を用いて

$$R(\boldsymbol{c}_2)=(\beta_{11}s_{12}+\beta_{12}s_{22})\boldsymbol{b}_1+(\beta_{21}s_{12}+\beta_{22}s_{22})\boldsymbol{b}_2$$

と計算される．一方，(6.11) の右辺は (6.13)(6.14) を代入し

$$\begin{aligned}\gamma_{11}\boldsymbol{c}_1+\gamma_{21}\boldsymbol{c}_2&=\gamma_{11}(s_{11}\boldsymbol{b}_1+s_{21}\boldsymbol{b}_2)+\gamma_{21}(s_{12}\boldsymbol{b}_1+s_{22}\boldsymbol{b}_2)\\&=(s_{11}\gamma_{11}+s_{12}\gamma_{21})\boldsymbol{b}_1+(s_{21}\gamma_{11}+s_{22}\gamma_{21})\boldsymbol{b}_2\end{aligned}$$

と求められる．同様に (6.12) の右辺も (6.13)(6.14) を代入して

$$\gamma_{12}\boldsymbol{c}_1+\gamma_{22}\boldsymbol{c}_2=(s_{11}\gamma_{12}+s_{12}\gamma_{22})\boldsymbol{b}_1+(s_{21}\gamma_{12}+s_{22}\gamma_{22})\boldsymbol{b}_2$$

と計算される．これらの係数を比較して，4つの等式

$$\begin{aligned}\beta_{11}s_{11}+\beta_{12}s_{21}&=s_{11}\gamma_{11}+s_{12}\gamma_{21}\\\beta_{21}s_{11}+\beta_{22}s_{21}&=s_{21}\gamma_{11}+s_{22}\gamma_{21}\\\beta_{11}s_{12}+\beta_{12}s_{22}&=s_{11}\gamma_{12}+s_{12}\gamma_{22}\\\beta_{21}s_{12}+\beta_{22}s_{22}&=s_{21}\gamma_{12}+s_{22}\gamma_{22}\end{aligned}$$

が得られるが，これは

$$\begin{pmatrix}\beta_{11}&\beta_{12}\\\beta_{21}&\beta_{22}\end{pmatrix}\begin{pmatrix}s_{11}&s_{12}\\s_{21}&s_{22}\end{pmatrix}=\begin{pmatrix}s_{11}&s_{12}\\s_{21}&s_{22}\end{pmatrix}\begin{pmatrix}\gamma_{11}&\gamma_{12}\\\gamma_{21}&\gamma_{22}\end{pmatrix}$$

と行列の等式で表すことができる．つまり，

$$\begin{pmatrix}\beta_{11}&\beta_{12}\\\beta_{21}&\beta_{22}\end{pmatrix}T(\boldsymbol{c}\to\boldsymbol{b})=T(\boldsymbol{c}\to\boldsymbol{b})\begin{pmatrix}\gamma_{11}&\gamma_{12}\\\gamma_{21}&\gamma_{22}\end{pmatrix}$$

が得られたが，これは

$$\begin{pmatrix}\gamma_{11}&\gamma_{12}\\\gamma_{21}&\gamma_{22}\end{pmatrix}=T(\boldsymbol{c}\to\boldsymbol{b})^{-1}\begin{pmatrix}\beta_{11}&\beta_{12}\\\beta_{21}&\beta_{22}\end{pmatrix}T(\boldsymbol{c}\to\boldsymbol{b}) \tag{6.15}$$

と表すこともできる．この式を $\boldsymbol{b}=\boldsymbol{a}$, $\boldsymbol{c}=\boldsymbol{e}$ として例題に適用すると

$$
\begin{aligned}
M &= T(\boldsymbol{e}\to\boldsymbol{a})^{-1}\begin{pmatrix} 1 & 0 \\ 0 & -1 \end{pmatrix} T(\boldsymbol{e}\to\boldsymbol{a}) \\
&= \frac{1}{\sqrt{1+c^2}}\begin{pmatrix} 1 & -c \\ c & 1 \end{pmatrix}\begin{pmatrix} 1 & 0 \\ 0 & -1 \end{pmatrix}\frac{1}{\sqrt{1+c^2}}\begin{pmatrix} 1 & c \\ -c & 1 \end{pmatrix} \\
&= \frac{1}{1+c^2}\begin{pmatrix} 1-c^2 & 2c \\ 2c & c^2-1 \end{pmatrix}
\end{aligned}
$$

となり，標準基底についての R の行列表示が求められた．これは，先ほどの問題の解に他ならない．

6.2　線型写像と行列

この節では，前節で扱った話題をより一般的な設定で展開する．

定義 6.1　$\mathbb{R}^n$ から $\mathbb{R}^m$ への写像 f が，$x,y\in\mathbb{R}^n$ 及び実数 α,β に対し

$$
f(\alpha x+\beta y)=\alpha f(x)+\beta f(y)
$$

という性質を持つとき，f を**線型写像**という．

これは，(6.1) の性質を一般に述べたものである．前節の議論で基本となったのは，線型写像のある基底についての行列表示であった．これは，次のように一般化される：

$\boldsymbol{p}=\{\boldsymbol{p}_1,\cdots,\boldsymbol{p}_m\},\boldsymbol{q}=\{\boldsymbol{q}_1,\cdots,\boldsymbol{q}_n\}$ をそれぞれ $\mathbb{R}^m$ 及び $\mathbb{R}^n$ の基底とする．$f(\boldsymbol{q}_j)$ は $\mathbb{R}^m$ の元であるから，基底の定義より

$$
f(\boldsymbol{q}_j)=\sum_{i=1}^{m} f_{ij}\boldsymbol{p}_i \tag{6.16}
$$

と実数 f_{ij} を用いて表示される．このとき，係数 f_{ij} を並べて得られる行列

$$M(f)=\begin{pmatrix} f_{11} & \cdots & f_{1n} \\ \vdots & \ddots & \vdots \\ f_{m1} & \cdots & f_{mn} \end{pmatrix}$$

を線型写像 f の基底 $\boldsymbol{p},\boldsymbol{q}$ についての**行列表示**という．前節では，$m=n=2$ の設定で，その基底として $\boldsymbol{p}=\boldsymbol{q}=\{\boldsymbol{a}_1,\boldsymbol{a}_2\}$，あるいは標準基底 $\{\boldsymbol{e}_1,\boldsymbol{e}_2\}$ を用いた．このように，$m=n$ のときは，$\boldsymbol{p}_i=\boldsymbol{q}_i$，つまり $\boldsymbol{p}=\boldsymbol{q}$ と基底を選び，f を行列表示する．このとき，その表示 $M(f)$ を f の基底 $\boldsymbol{p}$ についての**行列表示**と呼ぶ．

前節ですでに見たように，行列表示 $M(f)$ は，基底 $\boldsymbol{p},\boldsymbol{q}$ のとり方に依存する．基底を取り替えたら，$M(f)$ はどのように変化するかを調べよう．

$\boldsymbol{p'}=\{\boldsymbol{p}'_1,\cdots,\boldsymbol{p}'_m\}$ を $\mathbb{R}^m$ の別の基底とする．すると，

$$\boldsymbol{p}'_j=\sum_{i=1}^{m} a_{ij}\boldsymbol{p}_i$$

と $\boldsymbol{p}'_j$ は基底 $\boldsymbol{p}=\{\boldsymbol{p}_1,\cdots,\boldsymbol{p}_m\}$ を用いて表示されるが，この係数を並べて得られる m 次行列

$$\begin{pmatrix} a_{11} & \cdots & a_{1m} \\ \vdots & \ddots & \vdots \\ a_{m1} & \cdots & a_{mm} \end{pmatrix}$$

を**基底 $\boldsymbol{p'}$ から $\boldsymbol{p}$ への変換行列**といい，

$$T(\boldsymbol{p'}\to\boldsymbol{p})$$

と表す．次の命題は，(6.8) が一般に成立することを示す．

命題 6.1

$$T(\boldsymbol{p}\to\boldsymbol{p'})\,T(\boldsymbol{p'}\to\boldsymbol{p})=I_m$$

証明

$$\boldsymbol{p}_i = \sum_{j=1}^{m} a'_{ji} \boldsymbol{p}'_j \tag{6.17}$$

の係数を並べて $T(\boldsymbol{p} \to \boldsymbol{p'})$ が得られる：

$$T(\boldsymbol{p} \to \boldsymbol{p'}) = \begin{pmatrix} a'_{11} & \cdots & a'_{1m} \\ \vdots & \ddots & \vdots \\ a'_{m1} & \cdots & a'_{mm} \end{pmatrix}$$

$$\boldsymbol{p}'_k = \sum_{i=1}^{m} a_{ik} \boldsymbol{p}_i$$

に (6.17) を代入すると

$$\begin{aligned} \boldsymbol{p}'_k &= \sum_{i=1}^{m} a_{ik} \sum_{j=1}^{m} a'_{ji} \boldsymbol{p}'_j \\ &= \sum_{j=1}^{m} \left(\sum_{i=1}^{m} a'_{ji} a_{ik} \right) \boldsymbol{p}'_j \end{aligned}$$

となる．ここで，**クロネッカーのデルタ**と呼ばれる記号

$$\delta_{ij} = \begin{cases} 1 & (i = j) \\ 0 & (i \neq j) \end{cases}$$

を導入すると，左辺は

$$\boldsymbol{p}'_k = \sum_{j=1}^{m} \delta_{jk} \boldsymbol{p}'_j$$

と表示されるから，左辺を右辺に移項して

$$\sum_{j=1}^{m} \left(\sum_{i=1}^{m} a'_{ji} a_{ik} - \delta_{jk} \right) \boldsymbol{p}'_j = 0$$

が得られる．$\{\boldsymbol{p}'_1, \cdots, \boldsymbol{p}'_m\}$ は基底なので，

$$\sum_{i=1}^{m} a'_{ji} a_{ik} = \delta_{jk}$$

となり，左辺は $T(\boldsymbol{p} \to \boldsymbol{p'})\ T(\boldsymbol{p'} \to \boldsymbol{p})$ の (j,k) 成分，右辺は I_m の (j,k) 成分であるから

$$T(\boldsymbol{p}\to\boldsymbol{p}')\,T(\boldsymbol{p}'\to\boldsymbol{p})=I_m$$

が示された. ■

さて，$\boldsymbol{p}'=\{\boldsymbol{p}'_1,\cdots,\boldsymbol{p}'_m\}$，$\boldsymbol{q}'=\{\boldsymbol{q}'_1,\cdots,\boldsymbol{q}'_n\}$ をそれぞれ $\mathbb{R}^m,\mathbb{R}^n$ の別の基底とし，$M'(f)$ を f の基底 $\boldsymbol{p}',\boldsymbol{q}'$ についての行列表示としよう．すると，$M'(f)$ の各成分は

$$f(\boldsymbol{q}'_j)=\sum_{i=1}^{m} f'_{ij}\boldsymbol{p}'_i \tag{6.18}$$

より定まる．一方，$T(\boldsymbol{p}'\to\boldsymbol{p})$ 及び $T(\boldsymbol{q}'\to\boldsymbol{q})$ の各成分は

$$\boldsymbol{p}'_i=\sum_{p=1}^{m} a_{pi}\boldsymbol{p}_p,\qquad \boldsymbol{q}'_j=\sum_{q=1}^{n} b_{qj}\boldsymbol{q}_q \tag{6.19}$$

より定まった.

これらの式を (6.18) の左辺に代入すると，左辺は f の線型性と (6.16)，(6.19) を用いて

$$\begin{aligned}f(\boldsymbol{q}'_j)&=\sum_{q=1}^{n} b_{qj}f(\boldsymbol{q}_q)\\&=\sum_{q=1}^{n} b_{qj}\sum_{p=1}^{m} f_{pq}\boldsymbol{p}_p\\&=\sum_{p=1}^{m}\left(\sum_{q=1}^{n} f_{pq}b_{qj}\right)\boldsymbol{p}_p\end{aligned}$$

となる．一方，(6.18) の右辺は，(6.19) より

$$\begin{aligned}\sum_{i=1}^{m} f'_{ij}\boldsymbol{p}'_i&=\sum_{i=1}^{m} f'_{ij}\sum_{p=1}^{m} a_{pi}\boldsymbol{p}_p\\&=\sum_{p=1}^{m}\left(\sum_{i=1}^{m} a_{pi}f'_{ij}\right)\boldsymbol{p}_p\end{aligned}$$

となり，$\boldsymbol{p}_p$ の係数を比較して，

$$\sum_{i=1}^{m} a_{pi}f'_{ij}=\sum_{q=1}^{n} f_{pq}b_{qj}$$

が得られる．ここで左辺は，行列 $T(\boldsymbol{p'}\to\boldsymbol{p})\ M'(f)$ の (p,j) 成分．右辺は，行列 $M(f)T(\boldsymbol{q'}\to\boldsymbol{q})$ の (p,j) 成分であるから，

$$T(\boldsymbol{p'}\to\boldsymbol{p})M'(f)=M(f)T(\boldsymbol{q'}\to\boldsymbol{q})$$

が得られた．ここで，命題 6.1 より，$T(\boldsymbol{p}\to\boldsymbol{p'})$ は $T(\boldsymbol{p'}\to\boldsymbol{p})$ の逆行列であったことを思い出すと，次の命題が示されたことになる．

命題 6.2

$$\begin{aligned}M'(f)&=T(\boldsymbol{p'}\to\boldsymbol{p})^{-1}\ M(f)\ T(\boldsymbol{q'}\to\boldsymbol{q})\\&=T(\boldsymbol{p}\to\boldsymbol{p'})\ M(f)\ T(\boldsymbol{q'}\to\boldsymbol{q})\end{aligned}$$

特に $m=n$ の場合には，次が成り立つ：

系 6.1

$$\boldsymbol{p}=\{\boldsymbol{p}_1,\cdots,\boldsymbol{p}_m\},\qquad \boldsymbol{p'}=\{\boldsymbol{p}'_1,\cdots,\boldsymbol{p}'_m\}$$

を $\mathbb{R}^n$ の基底とし，$M(f),M'(f)$ をそれぞれ線型写像

$$\mathbb{R}^n\xrightarrow{f}\mathbb{R}^n$$

の基底 $\boldsymbol{p},\boldsymbol{p'}$ についての行列表示とする．このとき，

$$\begin{aligned}M'(f)&=T(\boldsymbol{p'}\to\boldsymbol{p})^{-1}\ M(f)\ T(\boldsymbol{p'}\to\boldsymbol{p})\\&=T(\boldsymbol{p}\to\boldsymbol{p'})\ M(f)\ T(\boldsymbol{p'}\to\boldsymbol{p})\end{aligned}$$

が成り立つ．

前節の (6.15) は，この系の $m=n=2$ の場合に他ならない．

• **問 6.2**　f,g を $\mathbb{R}^n$ から $\mathbb{R}^m$ への線型写像とする．このとき，実数 α,β に対し

$$(\alpha f+\beta g)(\boldsymbol{x})=\alpha f(\boldsymbol{x})+\beta g(\boldsymbol{x})$$

により，写像

$$\mathbb{R}^n \xrightarrow{\alpha f+\beta g} \mathbb{R}^m$$

を定めると，$\alpha f+\beta g$ は線型写像となることを示せ.

● **問 6.3**　f を $\mathbb{R}^m$ から $\mathbb{R}^l$, g を $\mathbb{R}^n$ から $\mathbb{R}^m$ への線型写像とすると，それらの合成

$$f\circ g$$

は，$\mathbb{R}^n$ から $\mathbb{R}^l$ への線型写像となることを示せ.

ここで

$$(f\circ g)(\boldsymbol{x})=f(g(\boldsymbol{x}))$$

と定義する. 以上の問題で得られる線型写像の行列表示について考察しよう. まず，問 6.2 に現れる線型写像については次の事実が成り立つ.

命題 6.3　$\boldsymbol{p}=\{\boldsymbol{p}_1,\cdots,\boldsymbol{p}_m\},\boldsymbol{q}=\{\boldsymbol{q}_1,\cdots,\boldsymbol{q}_n\}$ をそれぞれ $\mathbb{R}^m$ 及び $\mathbb{R}^n$ の基底とする. f,g を $\mathbb{R}^n$ から $\mathbb{R}^m$ への線型写像としたとき，実数 α,β に対し，

$$M(\alpha f+\beta g)=\alpha M(f)+\beta M(g)$$

が成り立つ.

証明　$M(\alpha f+\beta g)$ の (i,j) 成分 $M(\alpha f+\beta g)_{ij}$ は,

$$(\alpha f+\beta g)(\boldsymbol{q}_j)=\sum_{i=1}^{m} M(\alpha f+\beta g)_{ij}\boldsymbol{p}_i$$

と定義された. ここで，左辺は，$M(f)$ 及び $M(g)$ の (i,j) 成分 $M(f)_{ij}$ と $M(g)_{ij}$ を用いて

$$\begin{aligned}(\alpha f+\beta g)(\boldsymbol{q}_j)&=\alpha f(\boldsymbol{q}_j)+\beta g(\boldsymbol{q}_j)\\&=\alpha\sum_{i=1}^{m} M(f)_{ij}\boldsymbol{p}_i+\beta\sum_{i=1}^{m} M(g)_{ij}\boldsymbol{p}_i\end{aligned}$$

$$=\sum_{i=1}^{m}\{\alpha M(f)_{ij}+\beta M(g)_{ij}\}\boldsymbol{p}_i$$

と計算されるから，$\boldsymbol{p}_i$ の係数を比較して

$$M(\alpha f+\beta g)_{ij}=\alpha M(f)_{ij}+\beta M(g)_{ij}$$

が得られる．よって，

$$M(\alpha f+\beta g)=\alpha M(f)+\beta M(g)$$

が示された． ■

問 6.3 については，次の事実が成り立つ．

命題 6.4　f を $\mathbb{R}^m$ から $\mathbb{R}^l$, g を $\mathbb{R}^n$ から $\mathbb{R}^m$ への線型写像とする．このとき，

$$\boldsymbol{p}=\{\boldsymbol{p}_1,\cdots,\boldsymbol{p}_l\},\quad \boldsymbol{q}=\{\boldsymbol{q}_1,\cdots,\boldsymbol{q}_m\},\quad \boldsymbol{r}=\{\boldsymbol{r}_1,\cdots,\boldsymbol{r}_n\}$$

をそれぞれ $\mathbb{R}^l,\mathbb{R}^m,\mathbb{R}^n$ の基底とすると，$f\circ g$ の行列表示は

$$M(f\circ g)=M(f)M(g)$$

と求められる．ただし，右辺は行列の積である．

証明　$M(f\circ g)$ の (i,k) 成分，$M(f\circ g)_{ik}$ は

$$f\circ g(\boldsymbol{r}_k)=\sum_{i=1}^{l}M(f\circ g)_{ik}\boldsymbol{p}_i$$

により定められた．一方，左辺は $M(f)$ の (i,j) 成分 $M(f)_{ij}$ と $M(g)$ の (j,k) 成分 $M(g)_{jk}$ を用いて

$$\begin{aligned}f\circ g(\boldsymbol{r}_k)&=f(g(\boldsymbol{r}_k))\\&=f\left(\sum_{j=1}^{m}M(g)_{jk}\boldsymbol{q}_j\right)\\&=\sum_{j=1}^{m}M(g)_{jk}f(\boldsymbol{q}_j)\end{aligned}$$

$$= \sum_{j=1}^{m} M(g)_{jk} \sum_{i=1}^{l} M(f)_{ij} \boldsymbol{p}_i$$

$$= \sum_{i=1}^{l} \left(\sum_{j=1}^{m} M(f)_{ij} M(g)_{jk} \right) \boldsymbol{p}_i$$

と計算されるから，$\boldsymbol{p}_i$ の係数を比較して，

$$M(f \circ g)_{ik} = \sum_{j=1}^{m} M(f)_{ij} M(g)_{jk}$$

を得る．右辺は，$M(f)M(g)$ の (i,k) 成分より

$$M(f \circ g) = M(f)M(g)$$

が示された． ■

この公式を用いて三角関数の加法公式を証明しよう．平面 $\mathbb{R}^2$ において，原点を回転中心とする角度 θ の回転 R_θ が線型写像となることは容易に確認される．

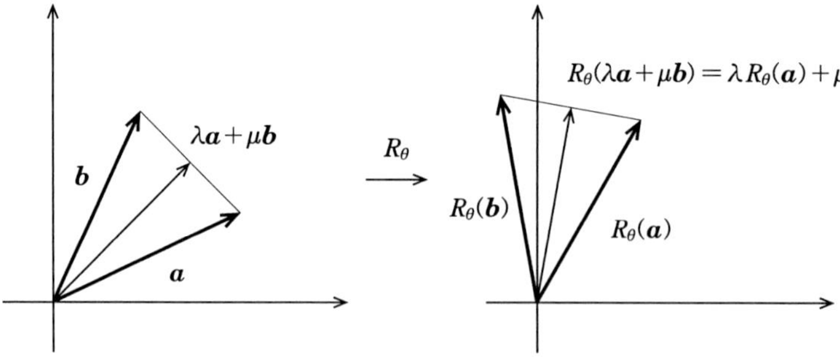

図 6.3

$\mathbb{R}^2$ の基底として，標準基底 $\{\boldsymbol{e}_1, \boldsymbol{e}_2\}$ をとると，その行列表示は

$$M(R_\theta) = \begin{pmatrix} \cos\theta & -\sin\theta \\ \sin\theta & \cos\theta \end{pmatrix} \tag{6.20}$$

となることが図 6.4 よりわかる.

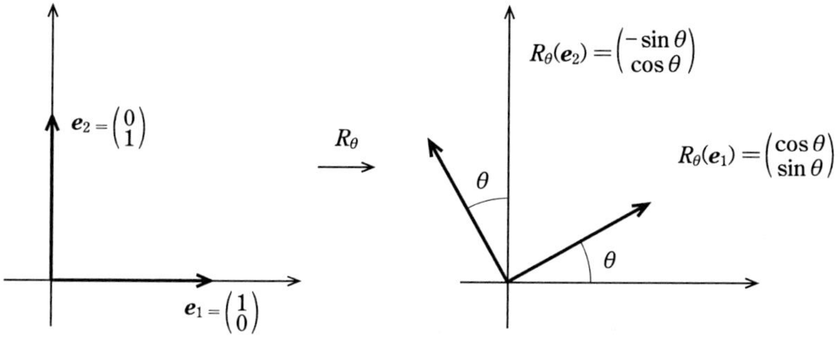

図 6.4

また, 原点を中心とする角度 α の回転と角度 β の回転の合成は, 角度 $\alpha+\beta$ の回転となるから,

$$R_\alpha \circ R_\beta = R_{\alpha+\beta}$$

が成り立つ. この等式に対して, 命題 6.4 を, $\mathbb{R}^2$ の基底 $\boldsymbol{p},\boldsymbol{q},\boldsymbol{r}$ として標準基底 $\boldsymbol{e}=\{\boldsymbol{e}_1,\boldsymbol{e}_2\}$ を選び, 適用しよう. まず上の考察から,

$$M(R_\alpha \circ R_\beta) = M(R_{\alpha+\beta})$$

が成り立つ. ここで, 右辺は

$$M(R_{\alpha+\beta}) = \begin{pmatrix} \cos(\alpha+\beta) & -\sin(\alpha+\beta) \\ \sin(\alpha+\beta) & \cos(\alpha+\beta) \end{pmatrix}$$

となる. 一方, 左辺は命題 6.4 を用いて,

$$\begin{aligned} M(R_\alpha \circ R_\beta) &= M(R_\alpha)M(R_\beta) \\ &= \begin{pmatrix} \cos\alpha & -\sin\alpha \\ \sin\alpha & \cos\alpha \end{pmatrix}\begin{pmatrix} \cos\beta & -\sin\beta \\ \sin\beta & \cos\beta \end{pmatrix} \\ &= \begin{pmatrix} \cos\alpha\cos\beta-\sin\alpha\sin\beta & -(\cos\alpha\sin\beta+\sin\alpha\cos\beta) \\ \cos\alpha\sin\beta+\sin\alpha\cos\beta & \cos\alpha\cos\beta-\sin\alpha\sin\beta \end{pmatrix} \end{aligned}$$

と計算されるから，それぞれの成分を比較して，三角関数の加法公式

$$\cos(\alpha+\beta)=\cos\alpha\cos\beta-\sin\alpha\sin\beta,$$

$$\sin(\alpha+\beta)=\cos\alpha\sin\beta+\sin\alpha\cos\beta$$

が得られる．

6.3 固有値と固有ベクトル，行列の対角化

ある線型写像が与えられたとする．その行列表示は，基底を一つ選んで求められるのだが，その基底を上手に選ぶと行列表示が簡単になることがある．たとえば，第 6.1 節で見たように原点を通る直線 l についての対称変換 R を，標準基底 $\boldsymbol{e}$ を用いて行列表示すると，

$$M=\frac{1}{1+c^2}\begin{pmatrix} 1-c^2 & 2c \\ 2c & c^2-1 \end{pmatrix}$$

となった．しかし，$\mathbb{R}^2$ の基底として，

$$\boldsymbol{a}=\left\{\boldsymbol{a}_1=\frac{1}{\sqrt{1+c^2}}\begin{pmatrix} 1 \\ c \end{pmatrix},\quad \boldsymbol{a}_2=\frac{1}{\sqrt{1+c^2}}\begin{pmatrix} c \\ -1 \end{pmatrix}\right\}$$

をとると，行列表示は

$$\begin{pmatrix} 1 & 0 \\ 0 & -1 \end{pmatrix}$$

となり，両者の間には基底の変換行列 $T(\boldsymbol{a}\to\boldsymbol{e})$ により，

$$\begin{pmatrix} 1 & 0 \\ 0 & -1 \end{pmatrix}=T(\boldsymbol{a}\to\boldsymbol{e})^{-1}\cdot M\cdot T(\boldsymbol{a}\to\boldsymbol{e}) \tag{6.21}$$

という関係が成り立つのであった．ここで，$\boldsymbol{a}_1,\boldsymbol{a}_2$ は

$$R(\boldsymbol{a}_1)=\boldsymbol{a}_1,\quad R(\boldsymbol{a}_2)=-\boldsymbol{a}_2$$

という性質をもつことを思い出そう．この性質は，一般的につぎのように述べられる．

f を $\mathbb{R}^n$ からそれ自身への線型写像とする．0 でない $\mathbb{R}^n$ の元 x が存在し，ある実数 λ により

$$f(x)=\lambda x \tag{6.22}$$

が成り立つとき，x を f の**固有ベクトル**，λ をその**固有値**という．たとえば，上に挙げた $\boldsymbol{a}_1, \boldsymbol{a}_2$ は線型変換 R の固有ベクトルで，その固有値はそれぞれ $1, -1$ となる．

さて，いま，f は固有ベクトル $\boldsymbol{p}_i$ で，$\boldsymbol{p}=\{\boldsymbol{p}_1,\cdots,\boldsymbol{p}_n\}$ が $\mathbb{R}^n$ の基底となるものを持つとする．λ_i を $\boldsymbol{p}_i$ の固有値とすると，

$$f(\boldsymbol{p}_i)=\lambda_i\boldsymbol{p}_i$$

が成り立つから，f の $\boldsymbol{p}=\{\boldsymbol{p}_1,\cdots,\boldsymbol{p}_n\}$ についての行列表示は

$$\begin{pmatrix} \lambda_1 & & O \\ & \ddots & \\ O & & \lambda_n \end{pmatrix}$$

となり，対角行列となる．一方，$\mathbb{R}^n$ の基底 $\boldsymbol{v}=\{\boldsymbol{v}_1,\cdots,\boldsymbol{v}_n\}$ をなんでも良いから 1 つ固定し，この基底についての f の行列表示を $M(f)$ とすると，系 6.1 から

$$T(\boldsymbol{p}\to\boldsymbol{v})^{-1}M(f)T(\boldsymbol{p}\to\boldsymbol{v})=\begin{pmatrix} \lambda_1 & & O \\ & \ddots & \\ O & & \lambda_n \end{pmatrix}$$

が得られる．これらの考察を定理の形にまとめておこう．

定理 6.1（行列の対角化）　$\boldsymbol{v}=\{\boldsymbol{v}_1,\cdots,\boldsymbol{v}_n\}$ を $\mathbb{R}^n$ の基底とし，f の $\boldsymbol{v}$ についての行列表示を $M(f)$ とする．一方，f の固有ベクトル $\boldsymbol{p}_i$ から，$\mathbb{R}^n$ の基底 $\boldsymbol{p}=\{\boldsymbol{p}_1,\cdots,\boldsymbol{p}_n\}$ が構成されたとしよう．p_i の固有値を λ_i, 基底 $\boldsymbol{p}=\{\boldsymbol{p}_1,\cdots,\boldsymbol{p}_n\}$ から基底 $\boldsymbol{v}=\{\boldsymbol{v}_1,\cdots,\boldsymbol{v}_n\}$ への変換行列を P とすると，

$$P^{-1}M(f)P=\begin{pmatrix} \lambda_1 & & O \\ & \ddots & \\ O & & \lambda_n \end{pmatrix}$$

が成り立つ.

等式 (6.21) は，この定理の例である．このように固有ベクトルは与えられた線型写像を，より簡単な行列表示にするのに有効であることがわかった．しかし，固有ベクトルはどのようにして求めたら良いであろうか.

6.4 固有ベクトルの求め方

f を $\mathbb{R}^n$ からそれ自身への線型写像とする．以下，$\mathbb{R}^n$ の基底として標準基底 $\boldsymbol{e}=\{\boldsymbol{e}_1,\cdots,\boldsymbol{e}_n\}$ をとることにする．$\boldsymbol{x}$ を f の固有ベクトル，λ をその固有値としよう．$\boldsymbol{x}$ を,

$$\boldsymbol{x}=\sum_{i=1}^{n} x_i\boldsymbol{e}_i$$

と表すと，f の行列表示

$$M(f)=\begin{pmatrix} f_{11} & \cdots & f_{1n} \\ \vdots & \ddots & \vdots \\ f_{n1} & \cdots & f_{nn} \end{pmatrix}$$

の係数 f_{ij} は,

$$f(\boldsymbol{e}_j)=\sum_{i=1}^{n} f_{ij}\boldsymbol{e}_i$$

により決定されたから，$f(\boldsymbol{x})$ は

$$\begin{aligned} f(\boldsymbol{x}) &= f\left(\sum_{j=1}^{n} x_j\boldsymbol{e}_j\right) \\ &= \sum_{j=1}^{n} x_j f(\boldsymbol{e}_j) \end{aligned}$$

$$= \sum_{j=1}^{n} x_j \sum_{i=1}^{n} f_{ij} \boldsymbol{e}_i$$

$$= \sum_{i=1}^{n} \left(\sum_{j=1}^{n} f_{ij} x_j \right) \boldsymbol{e}_i$$

と計算される．したがって $\boldsymbol{e}_i$ の係数を比較して $f(\boldsymbol{x})=\lambda\boldsymbol{x}$ は,

$$\sum_{j=1}^{n} f_{ij} x_j = \lambda x_i \qquad (1 \leqq i \leqq n)$$

つまり,

$$M(f)\begin{pmatrix} x_1 \\ \vdots \\ x_n \end{pmatrix} = \lambda \begin{pmatrix} x_1 \\ \vdots \\ x_n \end{pmatrix} \tag{6.23}$$

と同値となる．このように，f の固有ベクトルを求めるには，(6.23) を満たす実数 λ と 0 でないベクトル

$$\boldsymbol{x} = \begin{pmatrix} x_1 \\ \vdots \\ x_n \end{pmatrix}$$

を求めれば良い．さらに，(6.23) は

$$(\lambda I_n - M(f))\boldsymbol{x} = 0 \tag{6.24}$$

と変形されるが，(6.24) を満たす $\boldsymbol{x} \neq 0$ が存在するための必要十分条件は系 4.1(p.84) から

$$|\lambda I_n - M(f)| = 0$$

であった．

定義 6.2　t を変数とする．n 次行列 A の**固有多項式**$P_A(t)$ を

$$P_A(t) = |tI_n - A|$$

により定める．

以下，

$$P_f(t)=|tI_n-M(f)|$$

と表し，f の**固有多項式**と呼ぶ．

以上の考察から次の補題が得られる．

補題 6.1　f の固有値は，方程式 $P_f(t)=0$ の解となる．また，方程式 $P_f(t)=0$ の解の 1 つを λ とすると，方程式

$$M(f)\begin{pmatrix} x_1 \\ \vdots \\ x_n \end{pmatrix}=\lambda\begin{pmatrix} x_1 \\ \vdots \\ x_n \end{pmatrix}$$

の 0 でない解

$$\boldsymbol{a}=\sum_{i=1}^{n} a_i\boldsymbol{e}_i=\begin{pmatrix} a_1 \\ \vdots \\ a_n \end{pmatrix}$$

が存在し，これは f の固有ベクトルとなる．

いま，$M(f)$ から得られる方程式（f の**固有方程式**といわれる）

$$P_f(t)=0$$

が n 個の相異なる実数解 $\{\lambda_1,\cdots,\lambda_n\}$ を持つとする．補題 6.1 から，f の固有ベクトル $\boldsymbol{p}_i$ で固有値が λ_i となるものが存在するが，$\{\boldsymbol{p}_1,\cdots,\boldsymbol{p}_n\}$ は 1 次独立となることがわかる．実際，それらが 1 次従属になるとすると，$(\alpha_1,\cdots,\alpha_n)\neq(0,\cdots,0)$ で

$$\alpha_1\boldsymbol{p}_1+\cdots+\alpha_n\boldsymbol{p}_n=0$$

となる実数の組 $(\alpha_1,\cdots,\alpha_n)$ が存在することになる．

このような $(\alpha_1,\cdots,\alpha_n)$ のうち，0 でない成分の個数が最小となるものをとり，適当に番号を付けかえて

$$\alpha_1 \boldsymbol{p}_1 + \cdots + \alpha_l \boldsymbol{p}_l = 0, \qquad \alpha_i \neq 0 \tag{6.25}$$

と表すことにする．(6.25) を f に代入すると

$$\begin{aligned} 0 &= f(\alpha_1 \boldsymbol{p}_1 + \cdots + \alpha_l \boldsymbol{p}_l) \\ &= \lambda_1 \alpha_1 \boldsymbol{p}_1 + \cdots + \lambda_l \alpha_l \boldsymbol{p}_l \end{aligned}$$

が得られる．(6.25) の両辺に λ_l を掛けて，この等式から引くと

$$\alpha_1(\lambda_1 - \lambda_l)\boldsymbol{p}_1 + \cdots + \alpha_{l-1}(\lambda_{l-1} - \lambda_l)\boldsymbol{p}_{l-1} = 0$$

が得られ，$\{\lambda_1,\cdots,\lambda_n\}$ は互いに相異なるから，左辺の係数はすべて 0 でない．これは l の最小性に反する．

したがって $\{\boldsymbol{p}_1,\cdots,\boldsymbol{p}_n\}$ は 1 次独立となり，特に $\mathbb{R}^n$ の基底となることがわかる．以上の考察から次の定理が得られた．

定理 6.2　f の固有方程式が相異なる n 個の実数解 $\{\lambda_1,\cdots,\lambda_n\}$ を持つならば，対応する固有ベクトル $\{\boldsymbol{p}_1,\cdots,\boldsymbol{p}_n\}$ は $\mathbb{R}^n$ の基底となる．

定理 6.1 と定理 6.2 から f の対角行列による表示が得られることがわかるが，実際には次のように実行すればよい．

まず線型写像 f の標準基底 $\{\boldsymbol{e}_1,\cdots,\boldsymbol{e}_n\}$ についての行列表示 $M(f)$ を求める．さらに f の固有方程式を解き，相異なる n 個の実数解 $\{\lambda_1,\cdots,\lambda_n\}$ が得られたとする．

Step1　方程式

$$M(f)\begin{pmatrix} x_1 \\ \vdots \\ x_n \end{pmatrix} = \lambda_i \begin{pmatrix} x_1 \\ \vdots \\ x_n \end{pmatrix}$$

を解いて，0 でないベクトル

$$\boldsymbol{p}_i = \begin{pmatrix} p_{1i} \\ \vdots \\ p_{ni} \end{pmatrix}$$

を求める．するとこれは f の固有ベクトルとなる．

Step2　Step1 で求めた $\{\boldsymbol{p}_1,\cdots,\boldsymbol{p}_n\}$ を並べて，n 次行列

$$P=(\boldsymbol{p}_1,\cdots,\boldsymbol{p}_n)$$

をつくる．すると，

$$P^{-1}M(f)P = \begin{pmatrix} \lambda_1 & & 0 \\ & \ddots & \\ 0 & & \lambda_n \end{pmatrix}$$

が成り立つ．ここで右辺は基底 $\{\boldsymbol{p}_1,\cdots,\boldsymbol{p}_n\}$ についての f の行列表示になっている．

実際，M の対角化 (6.21) はこの方法を用いて行われている．

6.5　フィボナッチ数列

この節では行列の対角化の応用としてフィボナッチ数列の一般項の求め方を説明する．

細菌をシャーレの中で培養し，時間とともにどのように増殖するかを計算しよう．細菌は次の規則で増殖する．

規則１　細菌は，幼菌と成菌の２種類からなり，いずれも死ぬことはない．

規則２　成菌は１時間毎に分裂し，幼菌を生み出す．

規則３　幼菌は１時間で成菌に成長する．

最初にシャーレに幼菌１個体を入れて菌を増殖させたとき，n 時間後の菌の個体数 f_n を求めよう．

$$h_n = n \text{ 時間後の成菌の個体数}$$

$$g_n = n \text{ 時間後の幼菌の個体数}$$

として，最初の５時間の個体数の変化は次のようになる．

時間 (n)	0	1	2	3	4	5
成菌 (h_n)	0	1	1	2	3	5
幼菌 (g_n)	1	0	1	1	2	3
合計 (f_n)	1	1	2	3	5	8

h_n, g_n, f_n は次の等式を満たす．

(ｉ) $f_0 = f_1 = 1$

(ii) $f_n = g_n + h_n$

(iii) $h_n = f_{n-1}$

(iv) $f_{n+1} = 2h_n + g_n$

● **問 6.4**　これらの等式が成り立つことを証明せよ．

特に，

$$f_{n+1} = (g_n + h_n) + h_n$$
$$= f_n + f_{n-1}$$

となり，f_n は漸化式

$$f_0 = f_1 = 1, \qquad f_{n+1} = f_n + f_{n-1} \tag{6.26}$$

を満たし，**フィボナッチ数列**といわれる．一般項 f_n を求めるために，(6.26) を

$$\begin{pmatrix} f_{n+1} \\ f_n \end{pmatrix} = \begin{pmatrix} 1 & 1 \\ 1 & 0 \end{pmatrix} \begin{pmatrix} f_n \\ f_{n-1} \end{pmatrix}$$

と書き直し，

$$F = \begin{pmatrix} 1 & 1 \\ 1 & 0 \end{pmatrix}$$

とおけば

$$\begin{pmatrix} f_{n+1} \\ f_n \end{pmatrix} = F^n \begin{pmatrix} f_1 \\ f_0 \end{pmatrix} = F^n \begin{pmatrix} 1 \\ 1 \end{pmatrix}$$

となるから，F^n を求めれば良い．

一般に，n 次行列 A が

$$A = P \begin{pmatrix} \lambda_1 & & 0 \\ & \ddots & \\ 0 & & \lambda_n \end{pmatrix} P^{-1}$$

と表示されれば，A^k は

$$\begin{aligned} & A^k \\ & = \underbrace{P \begin{pmatrix} \lambda_1 & & \\ & \ddots & \\ & & \lambda_n \end{pmatrix} P^{-1} P \begin{pmatrix} \lambda_1 & & \\ & \ddots & \\ & & \lambda_n \end{pmatrix} P^{-1} \cdots P \begin{pmatrix} \lambda_1 & & 0 \\ & \ddots & \\ 0 & & \lambda_n \end{pmatrix} P^{-1} P \begin{pmatrix} \lambda_1 & & 0 \\ & \ddots & \\ 0 & & \lambda_n \end{pmatrix} P^{-1}}_{k \text{ 回}} \\ & = P \begin{pmatrix} \lambda_1^k & & 0 \\ & \ddots & \\ 0 & & \lambda_n^k \end{pmatrix} P^{-1} \end{aligned}$$

と求めることができる．この方法を F に適用しよう．

まず，F の固有多項式 P_F は

$$\begin{aligned} P_F(t) = |tI_2 - F| &= \begin{vmatrix} t-1 & -1 \\ -1 & t \end{vmatrix} \\ &= t^2 - t - 1 \end{aligned}$$

となるため，固有方程式

$$P_F(t) = 0$$

の解は

$$\tau=\frac{1+\sqrt{5}}{2},\qquad \delta=\frac{1-\sqrt{5}}{2}$$

となる．方程式

$$F\begin{pmatrix} x_1 \\ x_2 \end{pmatrix}=\tau\begin{pmatrix} x_1 \\ x_2 \end{pmatrix}$$

を解いて，固有値 τ を持つ固有ベクトル P_τ を求めると

$$P_\tau=\begin{pmatrix} \tau \\ 1 \end{pmatrix}$$

が得られる．

同様に，固有値 δ を持つ固有ベクトル P_δ は

$$P_\delta=\begin{pmatrix} \delta \\ 1 \end{pmatrix}$$

と求められる．ここで，p.168 の Step2 に従って，

$$P=(P_\tau,P_\delta)=\begin{pmatrix} \tau & \delta \\ 1 & 1 \end{pmatrix}$$

とおくと，

$$P^{-1}FP=\begin{pmatrix} \tau & 0 \\ 0 & \delta \end{pmatrix}$$

が成り立つことは，すでに説明した通りである（実際に，計算でも確認できる）．特に F は

$$F=P\begin{pmatrix} \tau & 0 \\ 0 & \delta \end{pmatrix}P^{-1}$$

と表示されるので，先ほどの考察から，F^n が

$$F^n=P\begin{pmatrix} \tau^n & 0 \\ 0 & \delta^n \end{pmatrix}P^{-1} \tag{6.27}$$

と求められることがわかった．ここで，これは，

$$P^{-1}=\frac{1}{\sqrt{5}}\begin{pmatrix} 1 & -\delta \\ -1 & \tau \end{pmatrix}$$

を用いて，

$$F^n=\frac{1}{\sqrt{5}}\begin{pmatrix} \tau^{n+1}-\delta^{n+1} & \tau\delta^{n+1}-\delta\tau^{n+1} \\ \tau^n-\delta^n & \tau\delta^n-\delta\tau^n \end{pmatrix}$$

と具体的に計算されるが，この結果を

$$\begin{pmatrix} f_{n+1} \\ f_n \end{pmatrix}=F^n\begin{pmatrix} 1 \\ 1 \end{pmatrix}$$

に代入して，

$$f_n=\frac{1}{\sqrt{5}}\{(\tau^n-\delta^n)+(\tau\delta^n-\delta\tau^n)\}$$

と一般項が求められる．これを，もう少し簡単な形に変形しよう．

$\tau\delta=-1$ より，右辺は

$$\frac{1}{\sqrt{5}}\{(\tau^n-\delta^n)+(\tau\delta^n-\delta\tau^n)\}=\frac{1}{\sqrt{5}}\{(\tau^n+\tau^{n-1})-(\delta^n+\delta^{n-1})\}$$

と変形される．さらに，δ,τ は方程式

$$t^2-t-1=0$$

の解であったから，

$$\tau^n+\tau^{n-1}=\tau^{n-1}(\tau+1)=\tau^{n-1}\tau^2=\tau^{n+1}$$

が成り立つ．同様に

$$\delta^n+\delta^{n-1}=\delta^{n+1}$$

と変形されるので，一般項 f_n は，より簡単な式

$$f_n=\frac{1}{\sqrt{5}}(\tau^{n+1}-\delta^{n+1})$$

により求められることがわかった．

τ は**黄金数**と呼ばれ，古くから知られている数である．また，この数は身の回りにしばしば現れ，たとえば，巻き貝の渦や，官製葉書の辺の比などに見ることができる．

演 習 問 題

1. 問題 6.2 を解け．

2. 問題 6.3 を解け．

3. $\mathbb{R}^3$ において平面 H：

$$x+y+z=0$$

についての面対称変換を S とする．S の標準基底についての行列表示を求めよ．

第7章 内積

7.1 ガウス直線

実験データ (x_1,y_1), (x_2,y_2), $\cdots$, (x_n,y_n) が得られたとき，直線

$$y=ax+b$$

でこれらのデータをよく近似するものを求めた経験がないだろうか．しかもなんとなく勘に頼って，直線を引いてこなかっただろうか．しかし，直線を引く確固たる理論がなく，個人の感覚に頼っていたなら，実験データからデータ処理をして導かれる結果は，客観性を欠くものとなってしまう．

ここでは，実験データを近似する，理論に裏打ちされた最適の直線の引き方について考察しよう．

まず，もし得られたデータが運良く同一の直線に載っていたなら，ある実数 a,b により，

$$y_1=ax_1+b, \quad \cdots, \quad y_n=ax_n+b$$

という関係式が成り立つが，これは，

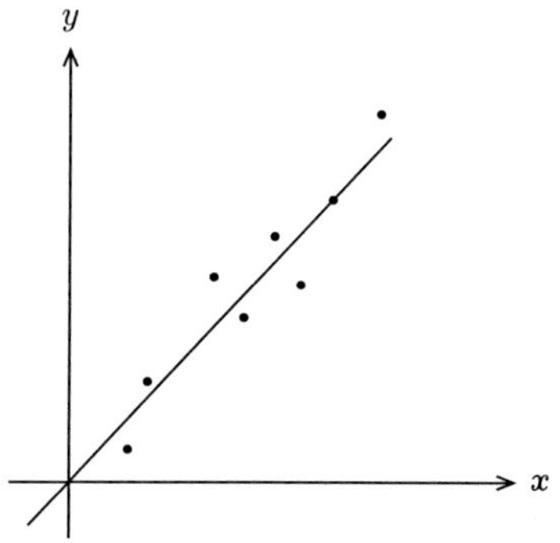

図 **7.1**

$$\begin{pmatrix} y_1 \\ \vdots \\ y_n \end{pmatrix} = \begin{pmatrix} x_1 & 1 \\ \vdots & \vdots \\ x_n & 1 \end{pmatrix} \begin{pmatrix} a \\ b \end{pmatrix}$$

と行列の形で述べることもできる．ここで，

$$\boldsymbol{y} = \begin{pmatrix} y_1 \\ \vdots \\ y_n \end{pmatrix}, \quad M = \begin{pmatrix} x_1 & 1 \\ \vdots & \vdots \\ x_n & 1 \end{pmatrix}, \quad \boldsymbol{v} = \begin{pmatrix} a \\ b \end{pmatrix}$$

とおいて，この式は

$$\boldsymbol{y} - M\boldsymbol{v} = \boldsymbol{0}$$

と書き換えられる．

ここまでは，理想的な実験データ，つまり $\boldsymbol{y} - M\boldsymbol{v}$ が $\boldsymbol{0}$ となる場合を考察してきたが，残念なことに普通は $\boldsymbol{0}$ にはならない．そこで，左辺が**なるべく $\boldsymbol{0}$ に近くなるように** $\boldsymbol{v}$ を選ぶことを考える．

この発想はガウスに由来するので，得られた直線は**ガウス直線**といわれる．

しかし，そもそもあるベクトルが $\boldsymbol{0}$ に近い，ということをどのように数式にしたら良いのだろうか．

7.2　内積

$$\boldsymbol{x}=\begin{pmatrix} x_1 \\ \vdots \\ x_n \end{pmatrix},\boldsymbol{y}=\begin{pmatrix} y_1 \\ \vdots \\ y_n \end{pmatrix}\in\mathbb{R}^n$$ の内積 (x,y) を

$$(\boldsymbol{x},\boldsymbol{y})={}^t\boldsymbol{x}\,\boldsymbol{y}=\sum_{i=1}^{n}x_iy_i$$

により定める．内積が次の性質を満たすことは，容易に確認されるので，その確認は読者に任せる．

（i）　$\boldsymbol{x}\in\mathbb{R}^n$ に対し，

$$(\boldsymbol{x},\boldsymbol{x})\geqq 0$$

となる．また，$(\boldsymbol{x},\boldsymbol{x})=0$ となるのは $\boldsymbol{x}=\boldsymbol{0}$ のときに限る．

(ii)　$\boldsymbol{x},\boldsymbol{y}\in\mathbb{R}^n$ に対し

$$(\boldsymbol{x},\boldsymbol{y})=(\boldsymbol{y},\boldsymbol{x})$$

が成り立つ．

(iii)　実数 α,α', 及び $\boldsymbol{x},\boldsymbol{x}',\boldsymbol{y}\in\mathbb{R}^n$ に対し

$$(\alpha\boldsymbol{x}+\alpha'\boldsymbol{x}',\boldsymbol{y})=\alpha(\boldsymbol{x},\boldsymbol{y})+\alpha'(\boldsymbol{x}',\boldsymbol{y})$$

が成り立つ．

(iv)　実数 β,β' 及び $\boldsymbol{x},\boldsymbol{y},\boldsymbol{y}'\in\mathbb{R}^n$ に対して

$$(\boldsymbol{x},\beta\boldsymbol{y}+\beta'\boldsymbol{y}')=\beta(\boldsymbol{x},\boldsymbol{y})+\beta'(\boldsymbol{x},\boldsymbol{y}')$$

が成り立つ．

定義 7.1　$\boldsymbol{x}\in\mathbb{R}^n$ に対し，

$$||\boldsymbol{x}||=\sqrt{(\boldsymbol{x},\boldsymbol{x})}\geqq 0$$

を x の**ノルム**（あるいは**長さ**）という．

この概念を用いると，ベクトル $\boldsymbol{x}$ が $\boldsymbol{0}$ に近いとは，そのノルム $||\boldsymbol{x}||$ が 0 に近いこととして定義される．先ほどの問題に戻ると，$\boldsymbol{v}$ についての関数

$$\rho(\boldsymbol{v})=||\boldsymbol{y}-M\boldsymbol{v}||$$

が最小値をとるようなベクトル $\boldsymbol{v}$ を求めよ，ということになる．この問題の解答は後節で与える．ここでは，基本的な２つの不等式を述べるだけに留める．

命題 7.1（シュワルツの不等式）　$\boldsymbol{x},\boldsymbol{y}\in\mathbb{R}^n$ に対し，

$$|(\boldsymbol{x},\boldsymbol{y})|\leqq||\boldsymbol{x}||\cdot||\boldsymbol{y}||$$

が成り立つ．また，等号が成立するのは，ある実数により $\boldsymbol{y}=\lambda\boldsymbol{x}$ あるいは $\boldsymbol{x}=\lambda\boldsymbol{y}$ と表されるときに限る．

証明　$\boldsymbol{x}=\boldsymbol{0}$ のときは，

$$|(\boldsymbol{x},\boldsymbol{y})|=0=||\boldsymbol{x}||\cdot||\boldsymbol{y}||$$

となる．さらに，$\lambda=0$ とすれば，

$$\boldsymbol{x}=\boldsymbol{0}=\lambda\boldsymbol{y}$$

となるので，後半も成立する．したがって，以下，$\boldsymbol{x}\neq\boldsymbol{0}$ としよう．

t を変数にする２次式

$$\begin{aligned}F(t)&=(t\boldsymbol{x}-\boldsymbol{y},t\boldsymbol{x}-\boldsymbol{y})\\&=||\boldsymbol{x}||^2t^2-2(\boldsymbol{x},\boldsymbol{y})t+||\boldsymbol{y}||^2\end{aligned}$$

を考える．(i) より，すべての実数 t について，

$$F(t)\geqq 0$$

となるから，特に $F(t)$ の判別式 $\varDelta$ は 0 以下となる：

$$\varDelta=4\{|(\boldsymbol{x},\boldsymbol{y})|^2-||\boldsymbol{x}||^2\cdot||\boldsymbol{y}||^2\}\leqq 0$$

したがって，

$$|(\boldsymbol{x},\boldsymbol{y})| \leqq ||\boldsymbol{x}||\cdot||\boldsymbol{y}||$$

が得られた．

次に後半について考察しよう．

$\boldsymbol{y}=\lambda\boldsymbol{x}$ あるいは $\boldsymbol{x}=\lambda\boldsymbol{y}$ ならば，$|(\boldsymbol{x},\boldsymbol{y})|=||\boldsymbol{x}||\cdot||\boldsymbol{y}||$ となることの確認は簡単なので読者に委ねる．

逆に $|(\boldsymbol{x},\boldsymbol{y})|=||\boldsymbol{x}||\cdot||\boldsymbol{y}||$ とすると，$\Delta=0$ となり，方程式

$$F(t)=0$$

は重根 $t=\lambda$ を持つ．よって

$$0=F(\lambda)=||\lambda\boldsymbol{x}-\boldsymbol{y}||^2$$

となり (i) から

$$\boldsymbol{y}=\lambda\boldsymbol{x}$$

が得られる． ■

命題 7.2（三角不等式）　$\boldsymbol{x},\boldsymbol{y}\in\mathbb{R}^n$ に対し，

$$||\boldsymbol{x}+\boldsymbol{y}|| \leqq ||\boldsymbol{x}||+||\boldsymbol{y}||$$

が成り立つ．また，$||\boldsymbol{x}+\boldsymbol{y}||=||\boldsymbol{x}||+||\boldsymbol{y}||$ となるのは，ある実数 λ により

$$\boldsymbol{y}=\lambda\boldsymbol{x} \quad \text{あるいは} \quad \boldsymbol{x}=\lambda\boldsymbol{y}$$

が成り立つときに限る．

証明　まず，

$$\begin{aligned} ||\boldsymbol{x}+\boldsymbol{y}||^2 &= (\boldsymbol{x}+\boldsymbol{y},\boldsymbol{x}+\boldsymbol{y}) \\ &= ||\boldsymbol{x}||^2+2(\boldsymbol{x},\boldsymbol{y})+||\boldsymbol{y}||^2 \\ &\leqq ||\boldsymbol{x}||^2+2|(\boldsymbol{x},\boldsymbol{y})|+||\boldsymbol{y}||^2 \end{aligned}$$

が得られるが，最後の式に，命題 7.1 を適用すると

$$\begin{aligned}\|\boldsymbol{x}+\boldsymbol{y}\|^2 &\leqq \|\boldsymbol{x}\|^2+2\|\boldsymbol{x}\|\cdot\|\boldsymbol{y}\|+\|\boldsymbol{y}\|^2 \\ &=(\|\boldsymbol{x}\|+\|\boldsymbol{y}\|)^2\end{aligned}$$

となり，結局

$$\|\boldsymbol{x}+\boldsymbol{y}\| \leqq \|\boldsymbol{x}\|+\|\boldsymbol{y}\|$$

が示された．また，$\|\boldsymbol{x}+\boldsymbol{y}\|=\|\boldsymbol{x}\|+\|\boldsymbol{y}\|$ が成り立つとすると，

$$\begin{aligned}\|\boldsymbol{x}+\boldsymbol{y}\|^2 &\leqq \|\boldsymbol{x}\|^2+2|(\boldsymbol{x},\boldsymbol{y})|+\|\boldsymbol{y}\|^2 \\ &\leqq \|\boldsymbol{x}\|^2+2\|\boldsymbol{x}\|\cdot\|\boldsymbol{y}\|+\|\boldsymbol{y}\|^2\end{aligned}$$

の不等式において，最小と最大の項が一致するので

$$\|\boldsymbol{x}\|\cdot\|\boldsymbol{y}\|=|(\boldsymbol{x},\boldsymbol{y})|$$

となる．したがって，命題 7.1 より

$$\boldsymbol{y}=\lambda\boldsymbol{x} \quad \text{あるいは} \quad \boldsymbol{x}=\lambda\boldsymbol{y}$$

となる．逆に

$$\boldsymbol{y}=\lambda\boldsymbol{x} \quad \text{あるいは} \quad \boldsymbol{x}=\lambda\boldsymbol{y}$$

ならば

$$\|\boldsymbol{x}+\boldsymbol{y}\|=\|\boldsymbol{x}\|+\|\boldsymbol{y}\|$$

が成り立つことはすぐにわかるので，この確認は読者に任せる． ■

三角不等式の名は，ユークリッドによる有名な事実：

“三角形の１辺の長さは，残り２辺の長さの和よりも小さい”（図 7.2）に由来する．

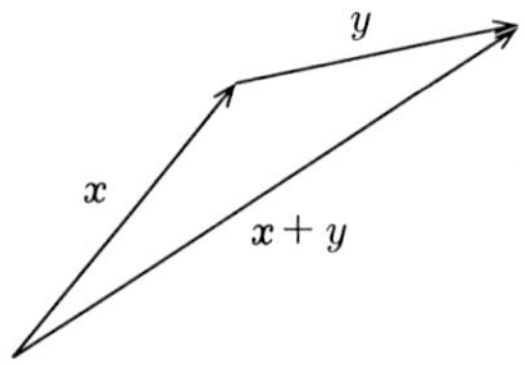

図 7.2

7.3 直交補空間

V, V' はいずれも $\mathbb{R}^n$ の部分線型空間で，V' は V に含まれているとする．

__定義 7.2__　$\boldsymbol{x} \in V$ が V' に**直交する**とは，勝手な $\boldsymbol{x}' \in V'$ に対し，

$$(\boldsymbol{x}, \boldsymbol{x}') = 0$$

が成立するときにいい，$\boldsymbol{x} \perp V'$ と表す．また，V' に直交する V の元をすべて集めて得られる集合

$$(V')^{\perp}_{V} = \{\boldsymbol{x} \in V \mid \boldsymbol{x} \perp V'\}$$

を V' の V における**直交補空間**という．

特に，$V = \mathbb{R}^n$ のときは，$(V')^{\perp}_{V}$ を添字 V を省いて，$(V')^{\perp}$ と表すことにする．

たとえば，$V = \mathbb{R}^3$ とし，V' として (x, y) 平面をとると，その直交補空間は，z 軸となる（図 7.3）：

$$(V')^{\perp} = \left\{ \begin{pmatrix} 0 \\ 0 \\ z \end{pmatrix} \middle| \quad z \in \mathbb{R} \right\}$$

特に $(V')^{\perp}$ は，部分線型空間となっているが，この事実は一般に成立する．

__補題 7.1__　$(V')^{\perp}_{V}$ は，V に含まれる部分線型空間となる．

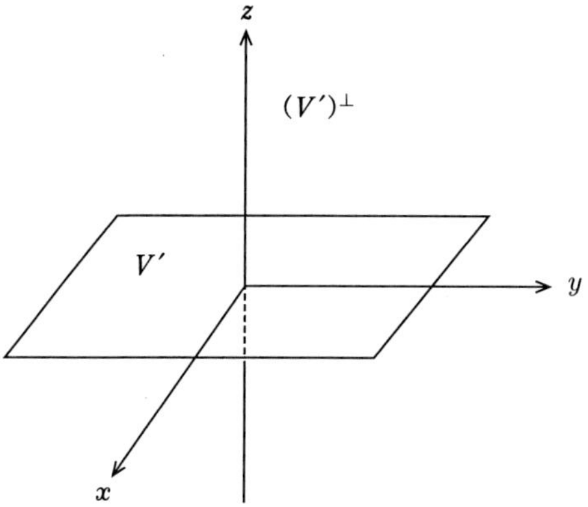

図 **7.3**

証明　$(V')^{\perp}_{V}$ が，V に含まれることは，定義から明らかなので，それが部分空間となることを示そう．$\boldsymbol{x},\boldsymbol{y}\in(V')^{\perp}_{V}$ とする．勝手な実数 α,β に対し

$$\alpha\boldsymbol{x}+\beta\boldsymbol{y}\in(V')^{\perp}_{V}$$

となることを確認すれば良い．そのためには，勝手な $\boldsymbol{x}'\in V'$ に対し，

$$(\alpha\boldsymbol{x}+\beta\boldsymbol{y},\boldsymbol{x}')=0$$

となることを見れば良いが，実際，$(\boldsymbol{x},\boldsymbol{x}')=(\boldsymbol{y},\boldsymbol{x}')=0$ より

$$\begin{aligned}(\alpha\boldsymbol{x}+\beta\boldsymbol{y},\boldsymbol{x}')&=\alpha(\boldsymbol{x},\boldsymbol{x}')+\beta(\boldsymbol{y},\boldsymbol{x}')\\&=\alpha0+\beta0=0\end{aligned}$$

となる．■

さて，V' が $\{\boldsymbol{f}'_1,\cdots,\boldsymbol{f}'_m\}$ で生成されているとしよう：

$$V'=\langle\boldsymbol{f}'_1,\cdots,\boldsymbol{f}'_m\rangle.$$

このとき，つぎの事実が成立する．

補題 7.2　$\boldsymbol{x} \in V$ が V' と直交するための必要十分条件は，

$$(\boldsymbol{x}, \boldsymbol{f}'_1) = \cdots = (\boldsymbol{x}, \boldsymbol{f}'_m) = 0$$

が成り立つことである．

証明　$\boldsymbol{x} \in (V')^{\perp}_{V}$ ならば

$$(\boldsymbol{x}, \boldsymbol{f}'_1) = \cdots = (\boldsymbol{x}, \boldsymbol{f}'_m) = 0$$

が成り立つことは定義から明らかである．逆に

$$(\boldsymbol{x}, \boldsymbol{f}'_1) = \cdots = (\boldsymbol{x}, \boldsymbol{f}'_m) = 0$$

が成り立っているとしよう．$\boldsymbol{x}' \in V'$ は

$$\boldsymbol{x}' = \sum_{i=1}^{m} \lambda_i \boldsymbol{f}'_i$$

と表示されるから，

$$(\boldsymbol{x}, \boldsymbol{x}') = \sum_{i=1}^{m} \lambda_i (\boldsymbol{x}, \boldsymbol{f}'_i) = 0$$

となり，$\boldsymbol{x}$ は V' と直交することがわかる．■

補題 7.2 を，先ほどの例で確認しよう．V' は (x, y) 平面で，その直交補空間は z 軸であった．これは，補題 7.2 からも次のように導かれる．

V' の基底として $\{\boldsymbol{e}_1, \boldsymbol{e}_2\}$ を選ぶ：

$$V' = \langle \boldsymbol{e}_1, \boldsymbol{e}_2 \rangle.$$

ここで，

$$\boldsymbol{x} = \begin{pmatrix} x_1 \\ x_2 \\ x_3 \end{pmatrix} \in \mathbb{R}^3$$

について

$$(\boldsymbol{x},\boldsymbol{e}_1)=x_1, \quad (\boldsymbol{x},\boldsymbol{e}_2)=x_2$$

となるので，

$$(\boldsymbol{x},\boldsymbol{e}_1)=(\boldsymbol{x},\boldsymbol{e}_2)=0$$

となる $\boldsymbol{x}\in\mathbb{R}^3$ は，

$$\boldsymbol{x}=\begin{pmatrix}0\\0\\x_3\end{pmatrix}$$

とならなければならず，これは z 軸上の点である．つまり，V' の直交補空間は，z 軸であることがわかった．

7.4 ガウス直線の求め方

$\boldsymbol{y}\in\mathbb{R}^n$ を固定する．V を，$\mathbb{R}^n$ の部分線型空間として，$\boldsymbol{v}\in V$ についての関数：

$$\rho(\boldsymbol{v})=||\boldsymbol{y}-\boldsymbol{v}||$$

を考える．このとき，次の命題が成り立つ．

命題 7.3 $\rho(\boldsymbol{v})$ が $\boldsymbol{v}=\boldsymbol{v_0}$ で最小値をとることと，$\boldsymbol{y}-\boldsymbol{v_0}$ が，V と直交することは同値である．

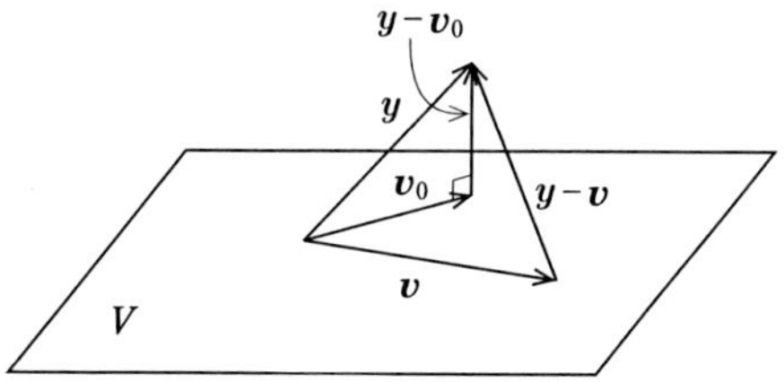

図 7.4

この命題は，図 7.4 からも明らかであるが，厳密な証明を p.191 で与えることとする．ここでは，この命題を直観的に了解してガウス直線の求め方を説明しよう．

$\mathbb{R}^n$ の部分線型空間

$$V=\{M\boldsymbol{v}\,|\,\boldsymbol{v}=\begin{pmatrix} a \\ b \end{pmatrix}\in\mathbb{R}^2\}$$

を考える．$\boldsymbol{y}\in\mathbb{R}^n$ を固定したとき，$\boldsymbol{v}\in\mathbb{R}^2$ についての関数：

$$\rho(\boldsymbol{v})=||\boldsymbol{y}-M\boldsymbol{v}||$$

が最小値を取る $\boldsymbol{v}^*$ を求めれば良いのであった．ここで，補題より，そのような $\boldsymbol{v}^*$ は，$\boldsymbol{y}-M\boldsymbol{v}^*$ が V と直交することとして特徴付けられたから，勝手な $\boldsymbol{v}\in\mathbb{R}^2$ に対して，

$$(M\boldsymbol{v},\boldsymbol{y}-M\boldsymbol{v}^*)=0$$

つまり，

$$^t(M\boldsymbol{v})(\boldsymbol{y}-M\boldsymbol{v}^*)={}^t\boldsymbol{v}\,{}^tM(\boldsymbol{y}-M\boldsymbol{v}^*)=0$$

が成立すれば良い．ここで，${}^tM$ は $(2,n)$ 型行列：

$${}^tM=\begin{pmatrix} x_1 & \cdots & x_n \\ 1 & \cdots & 1 \end{pmatrix}$$

であったから，${}^tM(\boldsymbol{y}-M\boldsymbol{v}^*)$ は２次ベクトルとなり，また $\boldsymbol{v}$ は勝手であったので，

$${}^tM(\boldsymbol{y}-M\boldsymbol{v}^*)=0$$

が成り立てば良いことがわかる．つまり，

$${}^tM\boldsymbol{y}={}^tMM\boldsymbol{v}^*$$

が成立するように $\boldsymbol{v}^*$ を選べば良いが，これは２次行列 ${}^tMM$ が逆行列を持つとすると，

$$\boldsymbol{v}^* = ({}^t M M)^{-1}\, {}^t M \boldsymbol{y}$$

と求められる．

以上をまとめると，実験レポートに書くべき直線

$$y = a^* x + b^*$$

の係数ベクトル：

$$\boldsymbol{v}^* = \begin{pmatrix} a^* \\ b^* \end{pmatrix}$$

は，実験データ (x_1, y_1), (x_2, y_2), $\cdots$, (x_n, y_n) から得られるベクトルと行列：

$$\boldsymbol{y} = \begin{pmatrix} y_1 \\ \vdots \\ y_n \end{pmatrix}, \qquad M = \begin{pmatrix} x_1 & 1 \\ \vdots & \vdots \\ x_n & 1 \end{pmatrix}$$

を用いて，もし２次行列 ${}^t M M$ が逆行列をもつときには

$$\boldsymbol{v}^* = ({}^t M M)^{-1}\, {}^t M \boldsymbol{y}$$

と求められることがわかった．

7.5　正規直交系

この節では，前節で用いた命題を，正規直交基底といわれる，特別な基底を用いて証明する．

V を $\mathbb{R}^n$ の部分線型空間とする．V の m 個の元 $\{\boldsymbol{p}_1, \cdots, \boldsymbol{p}_m\}$ が，お互いに直交し，おのおのの長さは１であるとき，つまり条件

$$(\boldsymbol{p}_i, \boldsymbol{p}_j) = \delta_{ij} \quad (\delta_{ij}\text{はクロネッカーのデルタ})$$

を満たすとき，$\{\boldsymbol{p}_1, \cdots, \boldsymbol{p}_m\}$ を**正規直交系**という．

補題 7.3　正規直交系

$$\{\boldsymbol{p}_1, \cdots, \boldsymbol{p}_m\}$$

は 1 次独立である.

証明

$$\lambda_1 \boldsymbol{p}_1 + \cdots + \lambda_m \boldsymbol{p}_m = \boldsymbol{0} \tag{7.1}$$

と仮定したとき

$$\lambda_1 = \cdots = \lambda_m = 0$$

をいえば良い. (7.1) と $\boldsymbol{p}_j$ との内積をとると,

$$\begin{aligned} 0 &= \left(\sum_{i=1}^{m} \lambda_i \boldsymbol{p}_i, \boldsymbol{p}_j \right) \\ &= \sum_{i=1}^{m} \lambda_i (\boldsymbol{p}_i, \boldsymbol{p}_j) = \lambda_j \end{aligned}$$

となるから

$$\lambda_1 = \cdots = \lambda_m = 0$$

が従う. ■

特に, $m = \dim V$ のときは, $\{\boldsymbol{p}_1, \cdots, \boldsymbol{p}_m\}$ は V の基底となるが, $\{\boldsymbol{p}_1, \cdots, \boldsymbol{p}_m\}$ を V の**正規直交基底**と呼ぶ.

補題 7.3 における計算からもわかるように, 正規直交基底 $\{\boldsymbol{p}_1, \cdots, \boldsymbol{p}_m\}$ を考える一つの利点は, $\boldsymbol{x} \in V$ を

$$\boldsymbol{x} = \sum_{i=1}^{m} x_i \boldsymbol{p}_i$$

と表示したとき, その係数 x_i が

$$x_i = (\boldsymbol{x}, \boldsymbol{p}_i)$$

と簡単に求められることである.

以下, V の 1 次独立な元

$$\{\boldsymbol{f}_1,\cdots,\boldsymbol{f}_m\}$$

から正規直交系を構成する，**グラム-シュミットの直交化法**について解説しよう．目標は正規直交系

$$\{\boldsymbol{p}_1,\cdots,\boldsymbol{p}_m\}$$

で，勝手な $1\leqq k\leqq m$ に対し

$$\langle\boldsymbol{p}_1,\cdots,\boldsymbol{p}_k\rangle=\langle\boldsymbol{f}_1,\cdots,\boldsymbol{f}_k\rangle$$

となるものの構成である．

Step1

$$\boldsymbol{p}_1=\frac{\boldsymbol{f}_1}{||\boldsymbol{f}_1||}$$

とおくと，

$$(\boldsymbol{p}_1,\boldsymbol{p}_1)=\frac{1}{||\boldsymbol{f}_1||^2}(\boldsymbol{f}_1,\boldsymbol{f}_1)=1$$

となる．また，

$$\langle\boldsymbol{f}_1\rangle=\langle\boldsymbol{p}_1\rangle$$

となることは，命題 5.1 からわかる．

Step2　$\boldsymbol{p}_2{}'=\boldsymbol{f}_2-(\boldsymbol{f}_2,\boldsymbol{p}_1)\boldsymbol{p}_1$ とおくと，

$$\begin{aligned}(\boldsymbol{p}_2{}',\boldsymbol{p}_1)&=(\boldsymbol{f}_2,\boldsymbol{p}_1)-(\boldsymbol{f}_2,\boldsymbol{p}_1)(\boldsymbol{p}_1,\boldsymbol{p}_1)\\&=(\boldsymbol{f}_2,\boldsymbol{p}_1)-(\boldsymbol{f}_2,\boldsymbol{p}_1)\\&=0\end{aligned}$$

となる．

また，命題 5.1 と Step1 から

$$\langle\boldsymbol{p}_2{}',\boldsymbol{p}_1\rangle=\langle\boldsymbol{f}_2,\boldsymbol{p}_1\rangle=\langle\boldsymbol{f}_2,\boldsymbol{f}_1\rangle \tag{7.2}$$

が従う．

また，補題 5.3 から，

$$\dim\langle \boldsymbol{f}_1, \boldsymbol{f}_2\rangle = 2$$

なので，$\{\boldsymbol{p}_2', \boldsymbol{p}_1\}$ は 1 次独立となり，特に $\boldsymbol{p}_2' \neq 0$ となる．

$$\boldsymbol{p}_2 = \frac{\boldsymbol{p}_2{}'}{||\boldsymbol{p}_2{}'||}$$

と $\boldsymbol{p}_2$ を定めると，

$$||\boldsymbol{p}_2|| = 1, \quad (\boldsymbol{p}_2, \boldsymbol{p}_1) = 0$$

が確認されるが，命題 5.1 から

$$\langle \boldsymbol{p}_1, \boldsymbol{p}_2\rangle = \langle \boldsymbol{p}_1, \boldsymbol{p}_2'\rangle$$

となるので，(7.2) とあわせて

$$\langle \boldsymbol{p}_1, \boldsymbol{p}_2\rangle = \langle \boldsymbol{f}_1, \boldsymbol{f}_2\rangle$$

が従う．

一般の場合は，これを繰り返す．正規直交系 $\{\boldsymbol{p}_1, \cdots, \boldsymbol{p}_{k-1}\}$ で，

$$\langle \boldsymbol{p}_1, \cdots, \boldsymbol{p}_{k-1}\rangle = \langle \boldsymbol{f}_1, \cdots, \boldsymbol{f}_{k-1}\rangle$$

となるものが構成されたとしよう．

$$\boldsymbol{p}_k' = \boldsymbol{f}_k - \sum_{i=1}^{k-1} (\boldsymbol{f}_k, \boldsymbol{p}_i)\boldsymbol{p}_i$$

とすると，$1 \leqq j \leqq k-1$ に対し，

$$\begin{aligned}(\boldsymbol{p}_k', \boldsymbol{p}_j) &= (\boldsymbol{f}_k, \boldsymbol{f}_j) - \sum_{i=1}^{k-1} (\boldsymbol{f}_k, \boldsymbol{p}_i)(\boldsymbol{p}_i, \boldsymbol{p}_j) \\ &= (\boldsymbol{f}_k, \boldsymbol{f}_j) - (\boldsymbol{f}_k, \boldsymbol{f}_j) = 0\end{aligned}$$

となる．

命題 5.1 と仮定から

$$\langle \boldsymbol{p}_1, \cdots, \boldsymbol{p}_{k-1}, \boldsymbol{p}'_k \rangle = \langle \boldsymbol{p}_1, \cdots, \boldsymbol{p}_{k-1}, \boldsymbol{f}_k \rangle$$
$$= \langle \boldsymbol{f}_1, \cdots, \boldsymbol{f}_{k-1}, \boldsymbol{f}_k \rangle \tag{7.3}$$

となり，補題 5.3 から

$$\dim \langle \boldsymbol{f}_1, \cdots, \boldsymbol{f}_k \rangle = k$$

となるから $\boldsymbol{p}'_k \neq 0$ となり，$\{\boldsymbol{p}_1, \cdots, \boldsymbol{p}_{k-1}, \boldsymbol{p}'_k\}$ は $\langle \boldsymbol{p}_1, \cdots, \boldsymbol{p}_{k-1}, \boldsymbol{p}'_k \rangle$ の基底となる．$\boldsymbol{p}_k$ を

$$\boldsymbol{p}_k = \frac{\boldsymbol{p}'_k}{||\boldsymbol{p}_k{}'||}$$

と定めると，

$$||\boldsymbol{p}_k|| = 1, \quad (\boldsymbol{p}_k, \boldsymbol{p}_j) = 0 \quad 1 \leqq j \leqq k-1$$

となるが，命題 5.1 から，

$$\langle \boldsymbol{p}_1, \cdots, \boldsymbol{p}_k \rangle = \langle \boldsymbol{p}_1, \cdots, \boldsymbol{p}_{k-1}, \boldsymbol{p}'_k \rangle$$

となるから (7.3) とあわせて

$$\langle \boldsymbol{p}_1, \cdots, \boldsymbol{p}_k \rangle = \langle \boldsymbol{f}_1, \cdots, \boldsymbol{f}_k \rangle$$

が得られる．したがって，正規直交系 $\{\boldsymbol{p}_1, \cdots, \boldsymbol{p}_k\}$ で，

$$\langle \boldsymbol{p}_1, \cdots, \boldsymbol{p}_k \rangle = \langle \boldsymbol{f}_1, \cdots, \boldsymbol{f}_k \rangle$$

を満たすものが構成された．

これを $k=m$ となるまでくり返せば，求める $\{\boldsymbol{p}_1, \cdots, \boldsymbol{p}_m\}$ が得られる．特に $\{\boldsymbol{f}_1, \cdots, \boldsymbol{f}_m\}$ として V の基底をとれば，V の正規直交基底が構成される．以上の構成方法を，具体的に例で見てみよう．

[例 **7.1**]　$\mathbb{R}^2$ の 1 次独立なベクトル

$$\boldsymbol{f}_1 = \begin{pmatrix} 2 \\ 0 \end{pmatrix}, \quad \boldsymbol{f}_2 = \begin{pmatrix} 1 \\ 2 \end{pmatrix}$$

から正規直交系 $\{\boldsymbol{p}_1, \boldsymbol{p}_2\}$ を構成しよう．

$$||\boldsymbol{f}_1|| = \sqrt{2^2+0^2} = 2$$

より，$\boldsymbol{p}_1$ は

$$\boldsymbol{p}_1 = \frac{\boldsymbol{f}_1}{||\boldsymbol{f}_1||} = \begin{pmatrix} 1 \\ 0 \end{pmatrix}$$

と求められる．また，

$$\begin{aligned} \boldsymbol{p}'_2 &= \boldsymbol{f}_2 - (\boldsymbol{f}_2, \boldsymbol{p}_1)\boldsymbol{p}_1 \\ &= \begin{pmatrix} 1 \\ 2 \end{pmatrix} - 1\begin{pmatrix} 1 \\ 0 \end{pmatrix} = \begin{pmatrix} 0 \\ 2 \end{pmatrix} \end{aligned}$$

となるから，$\boldsymbol{p}_2$ は

$$\boldsymbol{p}_2 = \frac{1}{||\boldsymbol{p}'_2||}\boldsymbol{p}'_2 = \begin{pmatrix} 0 \\ 1 \end{pmatrix}$$

と求められる．このように，$\mathbb{R}^2$ の基底 $\{\boldsymbol{f}_1, \boldsymbol{f}_2\}$ に，グラム-シュミットの直交化法を施して，正規直交基底 $\{\boldsymbol{p}_1, \boldsymbol{p}_2\}$（この場合は，標準基底となる）が得られる．

さて，V を $\mathbb{R}^n$ の m 次元部分線型空間とする．$\mathbb{R}^n$ の基底 $\boldsymbol{f} = \{\boldsymbol{f}_1, \cdots, \boldsymbol{f}_n\}$ を，$\{\boldsymbol{f}_1, \cdots, \boldsymbol{f}_m\}$ が V の基底となるように取っておく：

$$V = \langle \boldsymbol{f}_1, \cdots, \boldsymbol{f}_m \rangle$$

$\{\boldsymbol{f}_1, \cdots, \boldsymbol{f}_m\}$ にグラム-シュミットの直交化法を施して，正規直交系 $\{\boldsymbol{p}_1, \cdots, \boldsymbol{p}_m\}$ で，

$$\langle \boldsymbol{f}_1, \cdots, \boldsymbol{f}_m \rangle = \langle \boldsymbol{p}_1, \cdots, \boldsymbol{p}_m \rangle$$

となるものが得られる．ここで，

$$V = \langle \boldsymbol{p}_1, \cdots, \boldsymbol{p}_m \rangle$$

となるので，$\{\boldsymbol{p}_1, \cdots, \boldsymbol{p}_m\}$ は，V の正規直交基底となることがわかる．さらに，

グラム-シュミットの直交化法を続けて行くと，

$$\langle \boldsymbol{f}_1,\cdots,\boldsymbol{f}_n\rangle = \langle \boldsymbol{p}_1,\cdots,\boldsymbol{p}_n\rangle$$

となる正規直交系 $\{\boldsymbol{p}_1,\cdots,\boldsymbol{p}_n\}$ が得られるが，$\boldsymbol{f}=\{\boldsymbol{f}_1,\cdots,\boldsymbol{f}_n\}$ は，$\mathbb{R}^n$ の基底なので

$$\mathbb{R}^n = \langle \boldsymbol{p}_1,\cdots,\boldsymbol{p}_n\rangle$$

となる．つまり，$\{\boldsymbol{p}_1,\cdots,\boldsymbol{p}_n\}$ は，$\mathbb{R}^n$ の正規直交基底となる．以上の考察から，次の命題が得られた．

命題 7.4　V を $\mathbb{R}^n$ の m 次元部分線型空間とすると，$\mathbb{R}^n$ の正規直交基底 $\{\boldsymbol{p}_1,\cdots,\boldsymbol{p}_n\}$ で，

$$V = \langle \boldsymbol{p}_1,\cdots,\boldsymbol{p}_m\rangle$$

となるものが存在する．

この命題を用いて，命題 7.3 を証明しよう．

命題 7.3 の証明

命題 7.4 のように，$\mathbb{R}^n$ の正規直交基底 $\{\boldsymbol{p}_1,\cdots,\boldsymbol{p}_n\}$ を選ぶ．このとき，

$$V = \langle \boldsymbol{p}_1,\cdots,\boldsymbol{p}_m\rangle$$

および

$$V^\perp = \langle \boldsymbol{p}_{m+1},\cdots,\boldsymbol{p}_n\rangle$$

となることに注意しておく．また，一般に $\boldsymbol{x}\in\mathbb{R}^n$ を，

$$\boldsymbol{x} = \sum_{i=1}^n x_i \boldsymbol{p}_i$$

と表したとき

$$||\boldsymbol{x}||^2 = \sum_{i=1}^n x_i^2$$

となることにも注意しよう（これらの事実の確認は，容易にできるので，ぜひ試みてほしい）.

さて，$y \in \mathbb{R}^n$ を

$$\boldsymbol{y} = \sum_{i=1}^{n} y_i \boldsymbol{p}_i$$

と表し，$\boldsymbol{v} \in V$ を

$$\boldsymbol{v} = \sum_{i=1}^{m} v_i \boldsymbol{p}_i$$

と表しておく．すると，

$$\boldsymbol{y} - \boldsymbol{v} = \sum_{i=1}^{m} (y_i - v_i) \boldsymbol{p}_i + \sum_{j=m+1}^{n} y_j \boldsymbol{p}_j$$

となるから，

$$\begin{aligned} ||\boldsymbol{y} - \boldsymbol{v}||^2 &= \sum_{i=1}^{m} (y_i - v_i)^2 + \sum_{j=m+1}^{n} y_j^2 \\ &\geqq \sum_{j=m+1}^{n} y_j^2 \end{aligned}$$

が得られる．特に，$||\boldsymbol{y} - \boldsymbol{v}||^2$ の最小値は $\displaystyle\sum_{j=m+1}^{n} y_j^2$ となり，その値は，

$$\boldsymbol{v} = \sum_{i=1}^{m} y_i \boldsymbol{p}_i$$

で取ることがわかる．

$||\boldsymbol{y} - \boldsymbol{v}||^2$ が，$\boldsymbol{v} = \boldsymbol{v_0}$ で最小値を取ったとすると，以上の考察より，

$$\boldsymbol{v_0} = \sum_{i=1}^{m} y_i \boldsymbol{p}_i$$

となるから，

$$\boldsymbol{y} - \boldsymbol{v_0} = \sum_{j=m+1}^{n} y_j \boldsymbol{p}_j \in V^{\perp}$$

が従う．逆に，$\boldsymbol{v_0}=\sum_{i=1}^{m} v_{0i}\boldsymbol{p}_i$ が，

$$\boldsymbol{y}-\boldsymbol{v_0}\in V^{\perp}$$

を満たしたとすると，その係数は

$$v_{0i}=y_i \qquad (1\leqq i\leqq m)$$

とならなければならず，再び上の考察より，$||\boldsymbol{y}-\boldsymbol{v}||^2$ は，$\boldsymbol{v_0}$ で最小値を取ることがわかる． ■

証明（あるいは図 7.4（再掲））からわかるように，ベクトル $\boldsymbol{v_0}$ は $\boldsymbol{y}$ によりただ一通りに定まる．このように $\boldsymbol{y}\in\mathbb{R}^n$ に対し，$\boldsymbol{v_0}\in V$ で $\boldsymbol{y}-\boldsymbol{v_0}$ が V と直交するものを対応させる写像を，V への**直交射影**という．

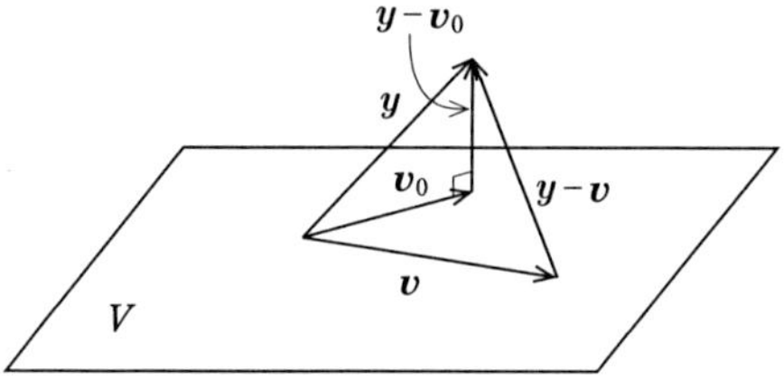

図 **7.4**

7.6 直交補空間の基底と次元

V, V' をそれぞれ $\mathbb{R}^n$ の m 次元，あるいは l 次元部分線型空間とし，V' は V に含まれているものとする．さらに，$\{\boldsymbol{p}_1,\cdots,\boldsymbol{p}_m\}$ を V の正規直交基底，$\{\boldsymbol{f}'_1,\cdots,\boldsymbol{f}'_l\}$ を V' の勝手な基底とする．これらを用いて，$(V')^{\perp}_{V}$ の基底と次元を求めよう．

各 $\boldsymbol{f}'_j$ を

$$\boldsymbol{f}'_j=\sum_{i=1}^{m} a_{ij}\boldsymbol{p}_i$$

と表示すると，方程式

$$\lambda_1 \boldsymbol{f}'_1 + \cdots + \lambda_l \boldsymbol{f}'_l = \mathbf{0} \tag{7.4}$$

は

$$\begin{aligned}\mathbf{0} = \sum_{j=1}^{l} \lambda_j \boldsymbol{f}'_j &= \sum_{j=1}^{l} \lambda_j \sum_{i=1}^{m} a_{ij} \boldsymbol{p}_i \\ &= \sum_{i=1}^{m} \left(\sum_{j=1}^{l} a_{ij} \lambda_j \right) \boldsymbol{p}_i\end{aligned}$$

と表されるが，$\{\boldsymbol{p}_1, \cdots, \boldsymbol{p}_m\}$ は V の基底であるから，(7.4) は連立 1 次方程式

$$\begin{cases} a_{11}\lambda_1 + \cdots + a_{1l}\lambda_l = 0 \\ \qquad \vdots \\ a_{m1}\lambda_1 + \cdots + a_{ml}\lambda_l = 0 \end{cases} \tag{7.5}$$

と同値になることがわかる．ここで，$\{\boldsymbol{f}'_1, \cdots, \boldsymbol{f}'_l\}$ は 1 次独立より (7.4) の解は

$$\lambda_1 = \cdots = \lambda_l = 0 \tag{7.6}$$

に限るから，(7.5) の解も (7.6) に限る．したがって，

$$A = \begin{pmatrix} a_{11} & \cdots & a_{1l} \\ \vdots & \ddots & \vdots \\ a_{m1} & \cdots & a_{ml} \end{pmatrix}$$

とすると，定理 2.1 より

$$r(A) = l$$

が従い，さらに，定理 2.3 より

$$r({}^tA) = l$$

となる．

　さて，

$$\boldsymbol{x}=\sum_{i=1}^{m}x_i\boldsymbol{p}_i\in V$$

が，V' と直交するための必要十分条件は補題 7.2 より

$$(\boldsymbol{x},\boldsymbol{f}'_1)=\cdots=(\boldsymbol{x},\boldsymbol{f}'_l)=0 \tag{7.7}$$

であった．ここで，それぞれの条件式は，

$$(\boldsymbol{p}_i,\boldsymbol{p}_j)=\delta_{ij}$$

を用いて，

$$\begin{aligned}0=(\boldsymbol{x},\boldsymbol{f}'_j)&=\left(\sum_{i=1}^{m}x_i\boldsymbol{p}_i,\sum_{i=1}^{m}a_{ij}\boldsymbol{p}_i\right)\\&=\sum_{i=1}^{m}a_{ij}x_i\end{aligned}$$

と展開されるので，条件 (7.7) は

$$\sum_{i=1}^{m}a_{ij}x_i=0 \qquad (1\leqq j\leqq m)$$

と同値になることがわかる．ここで，この式は A の転置行列 ${}^tA$ を用いて

$${}^tA\begin{pmatrix}x_1\\ \vdots\\ x_m\end{pmatrix}=\begin{pmatrix}0\\ \vdots\\ 0\end{pmatrix} \tag{7.8}$$

と書き換えられることに注意しよう．すでに見たように，$r({}^tA)=l$ より，(7.8) の解は

$$\begin{pmatrix}x_1\\ \vdots\\ x_m\end{pmatrix}=t_1\begin{pmatrix}b_{11}\\ \vdots\\ b_{m1}\end{pmatrix}+\cdots+t_{m-l}\begin{pmatrix}b_{1m-l}\\ \vdots\\ b_{mm-l}\end{pmatrix}$$

と媒介変数表示される．ここで，

$$\boldsymbol{g}_j=\sum_{i=1}^{m}b_{ij}\boldsymbol{p}_i$$

とおくと,

$$\begin{aligned}\boldsymbol{x} &= \sum_{i=1}^{m} x_i \boldsymbol{p}_i \\ &= \sum_{i=1}^{m} \sum_{j=1}^{m-l} (t_j b_{ij}) \boldsymbol{p}_i \\ &= \sum_{j=1}^{m-l} t_j \left(\sum_{i=1}^{m} b_{ij} \boldsymbol{p}_i\right) \\ &= \sum_{j=1}^{m-l} t_j \boldsymbol{g}_j\end{aligned}$$

となるから, $x \in (V')^{\perp}$ の元は $\{\boldsymbol{g}_1, \cdots, \boldsymbol{g}_{m-l}\}$ を用いて

$$\boldsymbol{x} = t_1 \boldsymbol{g}_1 + \cdots + t_{m-l} \boldsymbol{g}_{m-l}$$

とただ1通りに表されることがわかる.

以上の議論より, 次の定理が示された.

定理 7.1

$$\dim (V')^{\perp}_{V} = m - l$$

となる. また, $(V')^{\perp}_{V}$ の基底は, 方程式 (7.8) を解いて, その一般解を

$$\begin{pmatrix} x_1 \\ \vdots \\ x_m \end{pmatrix} = t_1 \begin{pmatrix} b_{11} \\ \vdots \\ b_{m1} \end{pmatrix} + \cdots + t_{m-l} \begin{pmatrix} b_{1m-l} \\ \vdots \\ b_{mm-l} \end{pmatrix}$$

と媒介変数表示し,

$$\boldsymbol{g}_j = \sum_{i=1}^{m} b_{ij} \boldsymbol{p}_i$$

とおいたとき

$$\{\boldsymbol{g}_1, \cdots, \boldsymbol{g}_{m-l}\}$$

により与えられる.

この定理の意味するところを，$V=\mathbb{R}^4$ として具体的に見てみよう．

[例 **7.2**]　$\mathbb{R}^4$ の正規直交基底として標準基底をとる．また，

$$\boldsymbol{f}'_1=\begin{pmatrix}0\\2\\0\\7\end{pmatrix},\quad \boldsymbol{f}'_2=\begin{pmatrix}2\\10\\6\\12\end{pmatrix},\quad \boldsymbol{f}'_3=\begin{pmatrix}2\\4\\6\\-5\end{pmatrix}$$

とおいて，これらにより生成される部分空間を V' としよう．いま，求めたいのはこの直交補空間の次元と基底である．

まず，上記の考察に現れた行列 A は，

$$A=(\boldsymbol{f}'_1,\boldsymbol{f}'_2,\boldsymbol{f}'_3)=\begin{pmatrix}0&2&2\\2&10&4\\0&6&6\\7&12&-5\end{pmatrix}$$

となるが，2.3 節でみたように $r({}^tA)=3$ であったから，

$$r(A)=r({}^tA)=3$$

となる．したがって，定理 5.1 から

$$\{\boldsymbol{f}'_1,\boldsymbol{f}'_2,\boldsymbol{f}'_3\}$$

は 1 次独立となり，V' の基底となることがわかる．したがって，

$$\boldsymbol{x}=\begin{pmatrix}x_1\\x_2\\x_3\\x_4\end{pmatrix}$$

が V' と直交するための必要十分条件は，

$$(\boldsymbol{x},\boldsymbol{f}'_1)=(\boldsymbol{x},\boldsymbol{f}'_2)=(\boldsymbol{x},\boldsymbol{f}'_3)=0$$

となり，$\boldsymbol{x}$ の成分は，連立1次方程式

$$\begin{cases} \quad\quad 2x_2 \quad\quad\quad + \ 7x_4 = 0 \\ 2x_1 + 10x_2 + 6x_3 + 12x_4 = 0 \\ 2x_1 + \ 4x_2 \ + 6x_3 - \ 5x_4 = 0 \end{cases}$$

の解として求められるのだが，これは，(7.8) を連立方程式の形に表示したものに他ならない．また，この方程式の解は p.41 で，

$$\begin{pmatrix} x_1 \\ x_2 \\ x_3 \\ x_4 \end{pmatrix} = t \begin{pmatrix} -3 \\ 0 \\ 1 \\ 0 \end{pmatrix}$$

と媒介変数表示されることを計算したので，$(V')^{\perp}$ の基底として

$$\left\{ \begin{pmatrix} -3 \\ 0 \\ 1 \\ 0 \end{pmatrix} \right\}$$

がとれることがわかり，

$$\dim(V')^{\perp} = 1 = 4 - r(A)$$

が成立する．

演 習 問 題

1. $\mathbb{R}^4$ における平面 H を

$$\begin{cases} x_1 + x_2 + x_3 + x_4 = 0 \\ x_1 \quad\quad + x_3 \quad\quad = 0 \end{cases}$$

と定める．このとき，次の問いに答えよ．

(1) 平面 H への直交射影を P とするとき，P の標準基底による行列表示を

求めよ.

(2) $\mathbb{R}^4$ における点

$$a = \begin{pmatrix} a_1 \\ a_2 \\ a_3 \\ a_4 \end{pmatrix}$$

ともっとも距離の小さい H 上の点を求めよ.

第 8 章 対称行列の対角化

8.1 対称行列

6.1 節で見たように，直線 l：

$$y=cx \quad (\text{c は定数})$$

を対称軸にする対称変換 R の，標準基底 $\{\boldsymbol{e}_1, \boldsymbol{e}_2\}$ についての行列表示は

$$M=\frac{1}{1+c^2}\begin{pmatrix} 1-c^2 & 2c \\ 2c & c^2-1 \end{pmatrix}$$

で与えられ，その固有ベクトルは

$$\boldsymbol{a}_1=\frac{1}{\sqrt{1+c^2}}\begin{pmatrix} 1 \\ c \end{pmatrix}, \quad \boldsymbol{a}_2=\frac{1}{\sqrt{1+c^2}}\begin{pmatrix} -c \\ 1 \end{pmatrix}$$

と求められた．ここで，$\{\boldsymbol{a}_1, \boldsymbol{a}_2\}$ について

$$||\boldsymbol{a}_1||=||\boldsymbol{a}_2||=1$$

及び

$$(\boldsymbol{a}_1, \boldsymbol{a}_2)=0$$

が成り立つことが容易に確認される．つまり $\{\boldsymbol{a}_1, \boldsymbol{a}_2\}$ は，$\mathbb{R}^2$ の正規直交基底となるのである．ここで，M は

$$^tM = M$$

という性質を持つことに注意しよう．

一般に，n 次正方行列 A について，

$$^tA = A$$

が成り立つとき，A を n **次対称行列**という．特に M は 2 次対称行列である．

上でふりかえった事実は，一般の n 次対称行列に対して成り立つことが知られている．つまり，次の定理が成り立つ．

定理 8.1　A を n 次対称行列とすると，A の固有ベクトル $\{\boldsymbol{p}_1, \cdots, \boldsymbol{p}_n\}$ で $\mathbb{R}^n$ の正規直交基底となるものが存在する．

この定理の証明は 8.3 節で行う．

ここでは，もう一つ対称行列の例を挙げよう．第 2 章で考察したレンタカーの配車の問題で，営業所 A_j から車を借りて営業所 A_i へ返却する確率 P_{ij} と，A_i から車を借りて A_j に返却する確率 P_{ji} が等しいとすると，行列

$$P = \begin{pmatrix} P_{11} & \cdots & P_{15} \\ \vdots & \ddots & \vdots \\ P_{51} & \cdots & P_{55} \end{pmatrix}$$

は対称行列となる．借りた車は必ずある営業所に返却しなければならないから

$$\sum_{i=1}^{5} P_{ij} = 1$$

が成り立つが，P の対称性より

$$\sum_{j=1}^{5} P_{ij} = \sum_{i=1}^{5} P_{ij} = 1$$

となる．したがって

$$\begin{pmatrix} P_{11} & \cdots & P_{15} \\ \vdots & \ddots & \vdots \\ P_{51} & \cdots & P_{55} \end{pmatrix}\begin{pmatrix} 1 \\ \vdots \\ 1 \end{pmatrix}=\begin{pmatrix} 1 \\ \vdots \\ 1 \end{pmatrix}$$

が得られるが，このことは会社の保有する車の総数を m 台としたとき，各営業所に $\dfrac{m}{5}$ 台ずつ配置すると配車の状態が安定し，車の足りない営業所に車の余分にある営業所から補充することなく効率よく営業ができることを意味する．またここで，配車ベクトル

$$\begin{pmatrix} 1 \\ \vdots \\ 1 \end{pmatrix}$$

は配車行列 P の，固有値が 1 の固有ベクトルになっていることに注意してほしい．このように固有値，固有ベクトルを求めることは現実の問題に対しても有効な解決の手段を与える．

8.2 対称行列と内積の関係

対称行列と内積の間には，次の関係が成り立つ．

命題 8.1　A を n 次対称行列とすると，$\boldsymbol{x}, \boldsymbol{y} \in \mathbb{R}^n$ について，

$$(A\boldsymbol{x}, \boldsymbol{y}) = (\boldsymbol{x}, A\boldsymbol{y})$$

が成り立つ．

証明　左辺を計算すると，

$$\begin{aligned}(A\boldsymbol{x}, \boldsymbol{y}) &= {}^t(A\boldsymbol{x}) \cdot \boldsymbol{y} \\ &= {}^t\boldsymbol{x}\, {}^tA \boldsymbol{y}\end{aligned}$$

となるが，ここで A の対称性 $A = {}^tA$ を用いると，

$$(A\boldsymbol{x},\boldsymbol{y})={}^t\boldsymbol{x}\,A\boldsymbol{y}=(\boldsymbol{x},A\boldsymbol{y})$$

となり，求める等式が得られる． ■

$\mathbb{R}^n$ の部分線型空間 V が，

$$AV\subseteqq V$$

を満たすとき，V は A **により保たれる**という．たとえば，$\boldsymbol{a}$ を A の固有ベクトルとすると，それにより生成される $\mathbb{R}^n$ の部分線型空間 $\langle\boldsymbol{a}\rangle$ は，A により保たれる．もう一つ例を挙げよう．

[例 **8.1**] 行列

$$M=\frac{1}{1+c^2}\begin{pmatrix}1-c^2 & 2c\\ 2c & c^2-1\end{pmatrix}$$

の固有ベクトル

$$\boldsymbol{a}_1=\frac{1}{\sqrt{1+c^2}}\begin{pmatrix}1\\ c\end{pmatrix},\quad \boldsymbol{a}_2=\frac{1}{\sqrt{1+c^2}}\begin{pmatrix}-c\\ 1\end{pmatrix}$$

から，上に述べたように A により保たれる $\mathbb{R}^2$ の部分線型空間 $\langle\boldsymbol{a}_1\rangle$ と $\langle\boldsymbol{a}_2\rangle$ が得られる．ここで，$\{\boldsymbol{a}_1,\boldsymbol{a}_2\}$ は，$\mathbb{R}^2$ の正規直交基底をなしたから，

$$\langle\boldsymbol{a}_1\rangle^{\perp}=\langle\boldsymbol{a}_2\rangle$$

となるので，特に $\langle\boldsymbol{a}_1\rangle$ の直交補空間 $\langle\boldsymbol{a}_1\rangle^{\perp}$ は，A により保たれることがわかる．

実は，この事実は次の命題が示すように，一般に成立する．

命題 8.2 V,V' を，ともに $\mathbb{R}^n$ の部分線型空間とし，V' は V に含まれているとする．また，それらはいずれも n 次対称行列 A により保たれているとすると，V' の V における直交補空間 $(V')^{\perp}_{V}$ も，A により保たれる．

証明 $\boldsymbol{y}\in(V')^{\perp}_{V}$ とする．このとき，V は，A により保たれているから，$A\boldsymbol{y}\in$

V となる．したがって，あとは勝手な $\boldsymbol{x}' \in V'$ に対し，

$$(A\boldsymbol{y}, \boldsymbol{x}') = 0$$

となることを見れば良い．しかし，命題 8.1 から，

$$(A\boldsymbol{y}, \boldsymbol{x}') = (\boldsymbol{y}, A\boldsymbol{x}')$$

が従い，さらに V' は，A により保たれていると仮定していたので，

$$A\boldsymbol{x}' \in V'$$

となる．ここで，$\boldsymbol{y} \in (V')^{\perp}_{V}$ より，

$$(\boldsymbol{y}, A\boldsymbol{x}') = 0$$

となり，求める結果が得られる．■

8.3 対称行列の対角化

さて，**定理 8.1** を証明しよう．ここでは，より強く次の定理を証明する．

定理 8.2 V を，$\mathbb{R}^n$ の部分線型空間で，n 次対称行列 A により保たれるものとする．このとき，A の固有ベクトルからなる V の正規直交基底が存在する．

定理 8.1 は，この定理を

$$V = \mathbb{R}^n$$

に適用すれば得られる．

さて，V を $\mathbb{R}^n$ の m 次元部分線型空間で，n 次対称行列 A により保たれるものとする．$\{\boldsymbol{q}_1, \cdots, \boldsymbol{q}_m\}$ を V の勝手な正規直交基底としよう．$A(\boldsymbol{q}_j)$ は V の元なので，

$$A(\boldsymbol{q}_j) = \sum_{i=1}^{m} a_{ij}\, \boldsymbol{q}_i$$

と表され，この係数を並べて m 次行列

$$A=\begin{pmatrix} a_{11} & \cdots & a_{1m} \\ \vdots & \ddots & \vdots \\ a_{m1} & \cdots & a_{mm} \end{pmatrix}$$

が得られる．このとき，A は対称行列となる．

実際，A が対称行列であるためには，

$$a_{ij}=a_{ji}$$

が成り立てば良いが，$\{\boldsymbol{q}_1,\cdots,\boldsymbol{q}_m\}$ が正規直交基底であることを用いて，左辺は

$$a_{ij}=(\boldsymbol{q}_i,A\boldsymbol{q}_j)$$

と計算される．一方，命題 8.1 より，

$$(\boldsymbol{q}_i,A\boldsymbol{q}_j)=(A\boldsymbol{q}_i,\boldsymbol{q}_j)$$

となり，これは a_{ji} に等しい．

定理の証明に，次の事実を用いる．

事実 8.1　n 次対称行列 A の固有方程式

$$P_A(t)=0$$

は，n 個の実数解を持つ．

残念なことに，この事実の証明は，この本の内容を超えるためここでは行うことができないので，この事実を認めて議論を行うことにする．

定理 8.2 の証明

V の次元についての数学的帰納法により証明する．

$\dim V=1$ の場合は，次のようにしてわかる．仮定から，V に含まれる，$\mathbf{0}$ でないベクトル $\boldsymbol{a}$ で

$$A\boldsymbol{a}=\alpha\boldsymbol{a}$$

となるものが存在する．ここで，

$$\boldsymbol{q}=\frac{\boldsymbol{a}}{||\boldsymbol{a}||}$$

とおけば

$$||\boldsymbol{q}||=1$$

により，求めるものが得られる．

次に，$\dim V=k$ において定理が成立するとして，$\dim V=k+1$ の場合に示そう．V を $\mathbb{R}^n$ の $k+1$ 次元部分線型空間で，A により保たれるものとする．$\boldsymbol{q}=\{\boldsymbol{q}_1,\cdots,\boldsymbol{q}_{k+1}\}$ をその勝手な正規直交基底とすると，上で説明したように A を V に制限したものから $k+1$ 次対称行列

$$A'=\begin{pmatrix} a'_{1,1} & \cdots & a'_{1,k+1} \\ \vdots & \ddots & \vdots \\ a'_{k+1,1} & \cdots & a'_{k+1,k+1} \end{pmatrix}$$

が得られる．仮定した事実から，方程式

$$P_{A'}(t)=0$$

の解はすべて実数となるが，そのうちの一つを β とし，

$$\begin{pmatrix} b_1 \\ \vdots \\ b_{k+1} \end{pmatrix}$$

を，A' の固有ベクトルで，その固有値が β となるものとする：

$$\begin{pmatrix} a'_{11} & \cdots & a'_{1k+1} \\ \vdots & \ddots & \vdots \\ a'_{k+11} & \cdots & a'_{k+1k+1} \end{pmatrix}\begin{pmatrix} b_1 \\ \vdots \\ b_{k+1} \end{pmatrix}=\beta\begin{pmatrix} b_1 \\ \vdots \\ b_{k+1} \end{pmatrix}.$$

ここで，$\boldsymbol{b}\in V$ を，

$$\boldsymbol{b}=\sum_{j=1}^{k+1} b_j \boldsymbol{q}_j$$

により定めると，

$$\begin{aligned} A\boldsymbol{b} &= A\Big(\sum_{j=1}^{k+1} b_j \boldsymbol{q}_j\Big)=\sum_{j=1}^{k+1} b_j A\boldsymbol{q}_j \\ &= \sum_{j=1}^{k+1} b_j \sum_{i=1}^{k+1} a'_{ij}\boldsymbol{q}_i = \sum_{i=1}^{k+1} \boldsymbol{q}_i \sum_{j=1}^{k+1} a'_{ij} b_j \\ &= \beta \sum_{i=1}^{k+1} b_i \boldsymbol{q}_i = \beta \boldsymbol{b} \end{aligned}$$

となるから，$\boldsymbol{b}$ は，A の固有ベクトルとなることがわかる．これから，A の固有ベクトルでノルムが 1 に等しい $\boldsymbol{p}_{k+1}$ を

$$\boldsymbol{p}_{k+1}=\frac{\boldsymbol{b}}{||\boldsymbol{b}||}$$

と構成し，V' を V における $\langle \boldsymbol{p}_{k+1} \rangle$ の直交補空間とすると，定理 7.1 より，

$$\dim V' = k$$

が従う．また，命題 8.2 より，V' は A により保たれるから，数学的帰納法の仮定から，V' の正規直交基底

$$\{\boldsymbol{p}_1, \cdots, \boldsymbol{p}_k\}$$

で A の固有ベクトルからなるものが存在する．これに，$\boldsymbol{p}_{k+1}$ を加えて，V の正規直交基底

$$\{\boldsymbol{p}_1, \cdots, \boldsymbol{p}_k, \boldsymbol{p}_{k+1}\}$$

で A の固有ベクトルからなるものが構成された． ■

n 次対称行列 A に対し，$\{\boldsymbol{p}_1, \cdots, \boldsymbol{p}_n\}$ を，その固有ベクトルからなる $\mathbb{R}^n$ の正規直交基底とする．定理 6.1 で説明したように，それらを並べて n 次行列

$$P=(\boldsymbol{p}_1, \cdots, \boldsymbol{p}_n)$$

をつくると，これにより A は対角化されたのであった：

$$P^{-1}AP=\begin{pmatrix} \lambda_1 & & 0 \\ & \ddots & \\ 0 & & \lambda_n \end{pmatrix}.$$

ここで，λ_i は固有ベクトル $\boldsymbol{p}_i$ に付随する A の固有値である．しかし，実際に $\{\boldsymbol{p}_1,\cdots,\boldsymbol{p}_n\}$ を，どのように求めたら良いのであろうか．以下，$\{\boldsymbol{p}_1,\cdots,\boldsymbol{p}_n\}$ の求め方を説明しよう．

まず，有用な補題を一つ用意する．

補題 8.1　$\boldsymbol{a},\boldsymbol{b}$ をそれぞれ A の固有ベクトルで，対応する固有値を α,β とする：

$$A\boldsymbol{a}=\alpha\boldsymbol{a},\quad A\boldsymbol{b}=\beta\boldsymbol{b}.$$

このとき，もし $\alpha\neq\beta$ であるならば，$\boldsymbol{a}$ と $\boldsymbol{b}$ は直交する．

証明　命題 8.1 より，

$$(A\boldsymbol{a},\boldsymbol{b})=(\boldsymbol{a},A\boldsymbol{b})$$

となるが，$\boldsymbol{a}$ と $\boldsymbol{b}$ についての仮定から，

$$\alpha(\boldsymbol{a},\boldsymbol{b})=\beta(\boldsymbol{a},\boldsymbol{b})$$

が成り立つことがわかる．ここで，$\alpha\neq\beta$ であったから，

$$(\boldsymbol{a},\boldsymbol{b})=0$$

が従う． ■

まず，A が，互いに相異なる固有値 $\{\lambda_1,\cdots,\lambda_n\}$ を持つ場合を考察する．λ_i に付随する固有ベクトルを $\boldsymbol{a}_i$ として，

$$\boldsymbol{p}_i=\frac{\boldsymbol{a}_i}{||\boldsymbol{a}_i||}$$

とおくと，補題 8.1 より，$\{\boldsymbol{p}_1,\cdots,\boldsymbol{p}_n\}$ は A の固有ベクトルからなる，$\mathbb{R}^n$ の正規直交系となることがわかる．

次に，A の固有方程式が重根を持つ場合を考察しよう．A の固有多項式を

$$P_A(t)=(t-\lambda_1)^{m_1}\cdots(t-\lambda_r)^{m_r} \quad (\lambda_i\in\mathbb{R})$$

と因数分解し，各 i について，連立 1 次方程式：

$$A\begin{pmatrix} x_1 \\ \vdots \\ x_n \end{pmatrix}=\lambda_i\begin{pmatrix} x_1 \\ \vdots \\ x_n \end{pmatrix} \tag{8.1}$$

を解いて，その一般解を

$$\begin{pmatrix} x_1 \\ \vdots \\ x_n \end{pmatrix}=t_i\boldsymbol{g}_1^{(i)}+\cdots+t_{m_i}\boldsymbol{g}_{m_i}^{(i)}$$

とパラメーター表示する．このとき，方程式 (8.1) の解空間 V_i は，$\mathbb{R}^n$ の部分線型空間となり，$\{\boldsymbol{g}_1^{(i)},\cdots,\boldsymbol{g}_{m_i}^{(i)}\}$ がその基底となることは，すでに第 5 章で見た通りである．この基底にグラム-シュミットの直交化法を施して，V_i の正規直交基底：

$$\{\boldsymbol{p}_1^{(i)},\cdots,\boldsymbol{p}_{m_i}^{(i)}\}$$

が得られる．ここで，これらをすべて集めたもの

$$\{\boldsymbol{p}_1^{(1)},\cdots,\boldsymbol{p}_{m_1}^{(1)},\cdots,\boldsymbol{p}_1^{(r)},\cdots,\boldsymbol{p}_{m_r}^{(r)}\}$$

は，補題 8.1 より，A の固有ベクトルからなる $\mathbb{R}^n$ の正規直交基底となることがわかる．

一般に，$\mathbb{R}^n$ の正規直交基底 $\{\boldsymbol{p}_1,\cdots,\boldsymbol{p}_n\}$ を並べて得られる n 次行列：

$$P=(\boldsymbol{p}_1,\cdots,\boldsymbol{p}_n)$$

は，n **次直交行列**と呼ばれる．次の命題が示すように，n 次直交行列の逆行列は，その転置をとることにより簡単に求めることができる．

命題 8.3　n 次直交行列 P の逆行列は，その転置行列に一致する：

$$P^{-1} = {}^tP.$$

証明　1.4 節で説明した方法で計算しよう．P の転置行列 ${}^tP$ は，

$${}^tP = \begin{pmatrix} {}^t\boldsymbol{p}_1 \\ \vdots \\ {}^t\boldsymbol{p}_n \end{pmatrix}$$

と表されるので，

$$\begin{aligned} {}^tP \cdot P &= \begin{pmatrix} {}^t\boldsymbol{p}_1\boldsymbol{p}_1 & \cdots & {}^t\boldsymbol{p}_1\boldsymbol{p}_n \\ \vdots & \ddots & \vdots \\ {}^t\boldsymbol{p}_n\boldsymbol{p}_1 & \cdots & {}^t\boldsymbol{p}_n\boldsymbol{p}_n \end{pmatrix} \\ &= \begin{pmatrix} (\boldsymbol{p}_1,\boldsymbol{p}_1) & \cdots & (\boldsymbol{p}_1,\boldsymbol{p}_n) \\ \vdots & \ddots & \vdots \\ (\boldsymbol{p}_n,\boldsymbol{p}_1) & \cdots & (\boldsymbol{p}_n,\boldsymbol{p}_n) \end{pmatrix} \end{aligned}$$

となるが，$\{\boldsymbol{p}_1,\cdots,\boldsymbol{p}_n\}$ は $\mathbb{R}^n$ の正規直交基底より，

$$(\boldsymbol{p}_i,\boldsymbol{p}_j) = \delta_{ij}$$

となるので，右辺は単位行列となる．■

[例 **8.2**]　3 次対称行列

$$A = \begin{pmatrix} 1 & 1 & 1 \\ 1 & 1 & -1 \\ 1 & -1 & 1 \end{pmatrix}$$

を直交行列を用いて対角化しよう．まず，A の固有多項式は

$$P_A(t) = (t+1)(t-2)^2$$

と因数分解されるから，その固有値は $-1,2$ と求められる．次に，それぞれの固有値に対する固有ベクトルを求める．まず固有値 -1 については，連立 1 次方程式

$$\begin{pmatrix} 1 & 1 & 1 \\ 1 & 1 & -1 \\ 1 & -1 & 1 \end{pmatrix}\begin{pmatrix} x_1 \\ x_2 \\ x_3 \end{pmatrix}=-\begin{pmatrix} x_1 \\ x_2 \\ x_3 \end{pmatrix}$$

を解いて，

$$\begin{pmatrix} x_1 \\ x_2 \\ x_3 \end{pmatrix}=t\begin{pmatrix} 1 \\ -1 \\ -1 \end{pmatrix}$$

と一般解が求められる．この表示に現れるベクトルに，ノルムが 1 になるように $\dfrac{1}{\sqrt{3}}$ を掛けて

$$\boldsymbol{p}_1=\frac{1}{\sqrt{3}}\begin{pmatrix} 1 \\ -1 \\ -1 \end{pmatrix}$$

と置く．次に，固有値 2 に付随する固有ベクトルを求める．連立 1 次方程式

$$\begin{pmatrix} 1 & 1 & 1 \\ 1 & 1 & -1 \\ 1 & -1 & 1 \end{pmatrix}\begin{pmatrix} x_1 \\ x_2 \\ x_3 \end{pmatrix}=2\begin{pmatrix} x_1 \\ x_2 \\ x_3 \end{pmatrix}$$

の一般解は，

$$\begin{pmatrix} x_1 \\ x_2 \\ x_3 \end{pmatrix}=t_1\begin{pmatrix} 1 \\ 0 \\ 1 \end{pmatrix}+t_2\begin{pmatrix} 1 \\ 1 \\ 0 \end{pmatrix}$$

と求められる．ここで，このパラメーター表示に現れる 2 つのベクトル：

$$\{\boldsymbol{g}_2, \boldsymbol{g}_3\} = \left\{ \begin{pmatrix} 1 \\ 0 \\ 1 \end{pmatrix}, \begin{pmatrix} 1 \\ 1 \\ 0 \end{pmatrix} \right\}$$

にグラム-シュミットの直交化法を適用しよう．まず，$\boldsymbol{g}_2$ にノルムが1になるように $\dfrac{1}{\sqrt{2}}$ を掛けて得られるベクトルを $\boldsymbol{p}_2$ とおく：

$$\boldsymbol{p}_2 = \frac{1}{\sqrt{2}} \begin{pmatrix} 1 \\ 0 \\ 1 \end{pmatrix}.$$

7.5 節で説明した方法に従い，$\boldsymbol{p}_2$ に直交するベクトル $\boldsymbol{q}_3$ を

$$\begin{aligned} \boldsymbol{q}_3 &= \boldsymbol{g}_3 - (\boldsymbol{g}_3, \boldsymbol{p}_2)\boldsymbol{p}_2 \\ &= \begin{pmatrix} 1 \\ 1 \\ 0 \end{pmatrix} - \frac{1}{\sqrt{2}} \cdot \frac{1}{\sqrt{2}} \begin{pmatrix} 1 \\ 0 \\ 1 \end{pmatrix} = \frac{1}{2} \begin{pmatrix} 1 \\ 2 \\ -1 \end{pmatrix} \end{aligned}$$

と求める．再び，ノルムが1になるように，

$$\boldsymbol{p}_3 = \frac{1}{\sqrt{6}} \begin{pmatrix} 1 \\ 2 \\ -1 \end{pmatrix}$$

と $\boldsymbol{p}_3$ を定める．以上により，A の固有ベクトルからなる $\mathbb{R}^3$ の正規直交基底 $\{\boldsymbol{p}_1, \boldsymbol{p}_2, \boldsymbol{p}_3\}$ が求められた．これらを並べて，3次直交行列：

$$P = (\boldsymbol{p}_1, \boldsymbol{p}_2, \boldsymbol{p}_3) = \begin{pmatrix} \dfrac{1}{\sqrt{3}} & \dfrac{1}{\sqrt{2}} & \dfrac{1}{\sqrt{6}} \\ -\dfrac{1}{\sqrt{3}} & 0 & \dfrac{2}{\sqrt{6}} \\ -\dfrac{1}{\sqrt{3}} & \dfrac{1}{\sqrt{2}} & -\dfrac{1}{\sqrt{6}} \end{pmatrix}$$

が得られるが，その逆行列は命題 8.3 が示すように，その転置行列を取って得られる：

$$P^{-1}={}^tP=\begin{pmatrix} \frac{1}{\sqrt{3}} & -\frac{1}{\sqrt{3}} & -\frac{1}{\sqrt{3}} \\ \frac{1}{\sqrt{2}} & 0 & \frac{1}{\sqrt{2}} \\ \frac{1}{\sqrt{6}} & \frac{2}{\sqrt{6}} & -\frac{1}{\sqrt{6}} \end{pmatrix}.$$

以上により，直交行列 P による A の対角化が，

$$P^{-1}AP=\begin{pmatrix} -1 & 0 & 0 \\ 0 & 2 & 0 \\ 0 & 0 & 2 \end{pmatrix}$$

と求められた．

演　習　問　題

1.

$$P=\begin{pmatrix} \frac{1}{4} & \frac{1}{4} & \frac{1}{4} & \frac{1}{4} \\ \frac{1}{4} & \frac{1}{8} & \frac{1}{8} & \frac{1}{2} \\ \frac{1}{4} & \frac{1}{8} & \frac{1}{2} & \frac{1}{8} \\ \frac{1}{4} & \frac{1}{2} & \frac{1}{8} & \frac{1}{8} \end{pmatrix}$$

とする．このとき，次の問いに答えよ．

(1)　4 次行列 T で

$$P=T\Lambda T^{-1} \quad (\Lambda \text{は対角行列})$$

となる T を求めよ．また，Λ も求めよ．

(2)

$$\boldsymbol{x}=\begin{pmatrix} x_1 \\ x_2 \\ x_3 \\ x_4 \end{pmatrix}, \qquad \sum_{i=1}^{4} x_i = a \quad (x_i \geqq 0)$$

となる勝手なベクトル $\boldsymbol{x}$ に対し，

$$\lim_{n\to\infty} P^n \boldsymbol{x} = \frac{1}{4}\begin{pmatrix} a \\ a \\ a \\ a \end{pmatrix}$$

となることを示せ．

コメント　この問題は，レンタカーの配車の問題で営業所を 4 つとし，さらに営業所 i から車を借りて営業所 j に返却する確率と営業所 j から車を借りて営業所 i に返却する確率が等しい，としたものである．

この問いの答えによると，最初どのように配車しておいても時間が経てばもっとも効率の良い状態に収束していくことがわかる．実は，この事実は一般に成り立つことが知られている．

付　　録

A.1　複素数

この章では，実数の集合 $\mathbb{R}$ を含む複素数と呼ばれるより大きな数の体系を紹介する．

方程式

$$x^2=2$$

は有理数の中では解を持たず，その解を考えるためには数の世界を実数にまで広げなければならなかった．しかし数の世界はもっと広い．実際，方程式

$$x^2=-1$$

は実数解を持たず，ガウスはその 1 つの解を i により表し，**虚数単位**とよぶことにした．さらに，a,b を実数としたとき，

$$a+bi$$

を**複素数**と呼ぶ．数の世界を複素数の世界にまで広げると，複素数を係数にもつ勝手な多項式は 1 次式の積に分解されてしまうことが知られている．つまり，複素数係数の d 次方程式：

$$X^d+a_{d-1}X^{d-1}+\cdots+a_0=0$$

は d 個の複素数解を持つ．

ここでは，具体的に 2 次行列を用いて複素数を説明しよう．実数係数の 2 次行列

$$\begin{pmatrix} a_1 & -a_2 \\ a_2 & a_1 \end{pmatrix} = a_1 \begin{pmatrix} 1 & 0 \\ 0 & 1 \end{pmatrix} + a_2 \begin{pmatrix} 0 & -1 \\ 1 & 0 \end{pmatrix}$$

を，単位行列を 1 と書き，

$$i = \begin{pmatrix} 0 & -1 \\ 1 & 0 \end{pmatrix}$$

とおくことにより，

$$a_1 \cdot 1 + a_2 \cdot i = a_1 + a_2 i$$

と表し，**複素数**と呼ぶことにする．このとき

$$i^2 = \begin{pmatrix} 0 & -1 \\ 1 & 0 \end{pmatrix} \begin{pmatrix} 0 & -1 \\ 1 & 0 \end{pmatrix} = -\begin{pmatrix} 1 & 0 \\ 0 & 1 \end{pmatrix} = -1$$

が成り立つので，i は虚数単位の性質を持つことがわかる．複素数全体の集合 $\mathbb{C}$ は，数の体系をなすことを説明しよう．数の体系において重要なことは，

（i） 和，差と積が定義されていて，結合法則，交換法則，分配法則などの実数の演算において成立する基本的な計算法則を満たす．

（ii） 0，または 1 といった特殊な元で，勝手な元 x について

$$x + 0 = 0 + x = x, \quad x \cdot 0 = 0 \cdot x = 0,$$
$$x \cdot 1 = 1 \cdot x = x$$

を満たすものが存在する．

（iii） 0 でない元 α について**逆数** α^{-1} と呼ばれる

$$\alpha \cdot \alpha^{-1} = \alpha^{-1} \cdot \alpha = 1$$

という性質を持つ元が存在する．

の 3 つが成り立つことである．複素数の集合 $\mathbb{C}$ は，これらの性質を満たすことを確認しよう．

$$\alpha=\begin{pmatrix} a_1 & -a_2 \\ a_2 & a_1 \end{pmatrix},\ \beta=\begin{pmatrix} b_1 & -b_2 \\ b_2 & b_1 \end{pmatrix}\in\mathbb{C}$$

に対して，その和と差及び積を行列の演算により定義すると，

$$\alpha+\beta=\begin{pmatrix} a_1+b_1 & -(a_2+b_2) \\ a_2+b_2 & a_1+b_1 \end{pmatrix},$$

$$\alpha-\beta=\begin{pmatrix} a_1-b_1 & -(a_2-b_2) \\ a_2-b_2 & a_1-b_1 \end{pmatrix},$$

$$\alpha\beta=\begin{pmatrix} a_1b_1-a_2b_2 & -(a_1b_2+a_2b_1) \\ a_1b_2+a_2b_1 & a_1b_1-a_2b_2 \end{pmatrix}$$

より，いずれも再び複素数となることがわかる．このように，$\mathbb{C}$ には行列の和，差，積を用いて，和，差と積が定義されることがわかった．第 1 章で説明した公式から，0 と 1 をそれぞれ 0 行列，単位行列 I_2 とおくことにより：

$$0=\begin{pmatrix} 0 & 0 \\ 0 & 0 \end{pmatrix},\quad 1=\begin{pmatrix} 1 & 0 \\ 0 & 1 \end{pmatrix}$$

これらの演算は，次の２つの公式を除いて，実数と同じ性質を満たすことがわかる：

（i）（積の交換性）$\alpha,\beta\in\mathbb{C}$ について，

$$\alpha\beta=\beta\alpha$$

が成り立つ．

（ii）（逆元の存在）0 でない $\alpha\in\mathbb{C}$ に対し，$\alpha'\in\mathbb{C}$ で

$$\alpha'\alpha=\alpha\alpha'=1$$

を満たすものが存在する．

しかし，これらはいずれも簡単に確認できる．たとえば，(i) は

$$\alpha=\begin{pmatrix} a_1 & -a_2 \\ a_2 & a_1 \end{pmatrix},\ \beta=\begin{pmatrix} b_1 & -b_2 \\ b_2 & b_1 \end{pmatrix}\in\mathbb{C}$$

とおくと，

$$\begin{aligned}\alpha\beta&=\begin{pmatrix} a_1b_1-a_2b_2 & -(a_1b_2+a_2b_1) \\ a_1b_2+a_2b_1 & a_1b_1-a_2b_2 \end{pmatrix}\\ &=\begin{pmatrix} b_1a_1-b_2a_2 & -(b_1a_2+b_2a_1) \\ b_1a_2+b_2a_1 & b_1a_1-b_2a_2 \end{pmatrix}\\ &=\beta\alpha\end{aligned}$$

と確かめられる．また，(ii) については，

$$\alpha=\begin{pmatrix} a_1 & -a_2 \\ a_2 & a_1 \end{pmatrix}$$

の行列式は

$$|\alpha|=a_1^2+a_2^2$$

と与えられるから，その逆行列 α^{-1} が存在するための必要十分条件は，$|\alpha|=a_1^2+a_2^2\neq 0$ となり，これは α が 0 でないことと同値である．したがって，$\alpha\neq 0$ に対し，α^{-1} が存在し，α' として α^{-1} とすれば，(ii) が満たされることは明らかである．

以下，$\alpha,\beta\in\mathbb{C}$ において，α が 0 でないとき，

$$\alpha^{-1}\beta=\frac{\beta}{\alpha}$$

と表すことにする．

$$\alpha=\begin{pmatrix} a_1 & -a_2 \\ a_2 & a_1 \end{pmatrix}=a_1+a_2i$$

の転置行列

$$
{}^t\alpha = \begin{pmatrix} a_1 & a_2 \\ -a_2 & a_1 \end{pmatrix} = a_1 - a_2 i
$$

を α の**複素共役**といい，$\overline{\alpha}$ と表す．このとき，

$$
a_1 = \frac{\alpha + \overline{\alpha}}{2}, \qquad a_2 = \frac{\alpha - \overline{\alpha}}{2i}
$$

を，それぞれ α の**実数部分**，あるいは**虚数部分**という．また，

$$
\alpha\overline{\alpha} = a_1^2 + a_2^2
$$

が成り立つことは簡単に確かめられる．

A.2　複素平面

この節では，複素数を視覚的に捉える方法を説明する．

実数 $t \in \mathbb{R}$ に，直線上の点を対応させ，その直線を実直線と呼んだのであった．これに対し，複素数においては，$z = x + iy \in \mathbb{C}$ に，2 次元平面上の点 $(x, y) \in \mathbb{R}^2$ を対応させ，その平面を**複素平面**と呼ぶ．

$z = x + iy$ に対応する複素平面上の点 (x, y) と，原点との距離をその**絶対値**といい，$|z|$ により表す：

$$
|z| = \sqrt{x^2 + y^2}.
$$

ここで，前節の最後に述べた式より，

$$
|z| = \sqrt{z\overline{z}}
$$

が成り立つことがわかる．

さて，複素数 z に対し，

$$
z_0 = \frac{z}{|z|}
$$

とおくと，$|z_0| = 1$ となる．したがって，z_0 と x 軸のなす角度を θ とすると，z_0 は，

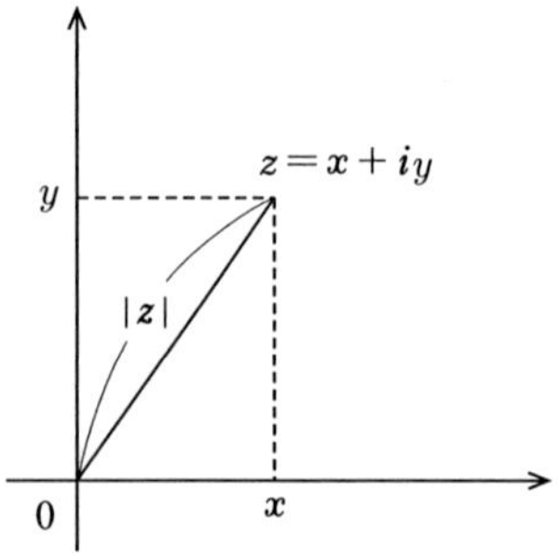

図 **A.1**

$$z_0 = \cos\theta + i\sin\theta = \begin{pmatrix} \cos\theta & -\sin\theta \\ \sin\theta & \cos\theta \end{pmatrix}$$

と表される．ここで，

$$e^{i\theta} = \cos\theta + i\sin\theta$$

により，$e^{i\theta}$ を定義しよう．上の式から，これは原点を中心とする角度 θ の回転を表示する行列に他ならない．

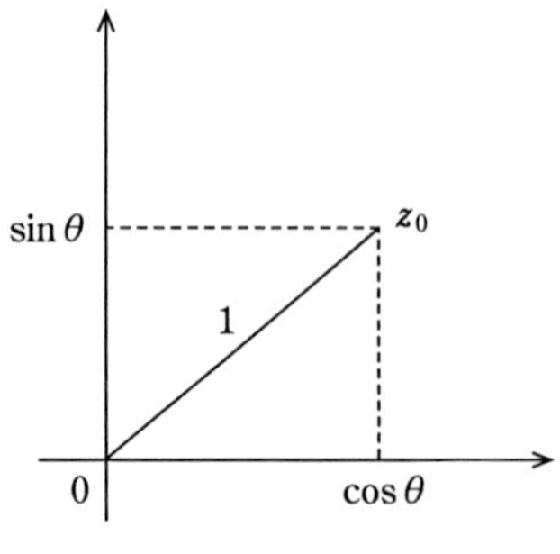

図 **A.2**

また，三角関数の加法公式より，

$$e^{i(\alpha+\beta)} = e^{i\alpha}e^{i\beta}$$

が成り立つことがわかる．実際，

$$e^{i(\alpha+\beta)}=\begin{pmatrix} \cos(\alpha+\beta) & -\sin(\alpha+\beta) \\ \sin(\alpha+\beta) & \cos(\alpha+\beta) \end{pmatrix}$$

$$=\begin{pmatrix} \cos\alpha\cos\beta-\sin\alpha\sin\beta & -(\sin\alpha\cos\beta+\cos\alpha\sin\beta) \\ \sin\alpha\cos\beta+\cos\alpha\sin\beta & \cos\alpha\cos\beta-\sin\alpha\sin\beta \end{pmatrix}$$

$$=\begin{pmatrix} \cos\alpha & -\sin\alpha \\ \sin\alpha & \cos\alpha \end{pmatrix}\begin{pmatrix} \cos\beta & -\sin\beta \\ \sin\beta & \cos\beta \end{pmatrix}=e^{i\alpha}e^{i\beta}$$

となり，公式が確認された．さらに，一般に複素数 $z=x+iy$ に対し，

$$e^z=e^x e^{iy}=e^x\begin{pmatrix} \cos y & -\sin y \\ \sin y & \cos y \end{pmatrix}$$

により e^z を定義すると，$w=u+iv\in\mathbb{C}$ としたとき，

$$\begin{aligned} e^z e^w &= e^x e^{iy}\cdot e^u e^{iv} \\ &= e^x e^u\cdot e^{iy} e^{iv} \\ &= e^{x+u} e^{i(y+v)}=e^{z+w} \end{aligned}$$

となり，実数を変数にする指数関数の公式：

$$e^{x+y}=e^x e^y$$

は，変数に複素数を代入してもそのまま成り立つことがわかる．また，$e^z=1$ となるための $z\in\mathbb{C}$ についての必要十分条件は，それがある整数 m を用いて，$z=2\pi im$ と書けることも簡単に確認できる．

演習問題解答

第 1 章

1.

$$\boldsymbol{a}=(a_1,\ \cdots,\ a_{m_1},\ a_{m_1+1}\ \cdots\ a_m),\qquad \boldsymbol{b}=\begin{pmatrix} b_1 \\ \vdots \\ b_{m_1} \\ b_{m_1+1} \\ \vdots \\ b_m \end{pmatrix}$$

とすると

$$\boldsymbol{a}_1=(a_1,\ \cdots,\ a_{m_1}),\qquad \boldsymbol{a}_2=(a_{m_1+1},\ \cdots,\ a_m)$$

$$\boldsymbol{b}_1=\begin{pmatrix} b_1 \\ \vdots \\ b_{m_1} \end{pmatrix},\quad \boldsymbol{b}_2=\begin{pmatrix} b_{m_1+1} \\ \vdots \\ b_m \end{pmatrix}$$

となる．このとき

$$\begin{aligned}\boldsymbol{a}\cdot\boldsymbol{b}&=\sum_{i=1}^{m}a_ib_i=\sum_{i=1}^{m_1}a_ib_i+\sum_{i=m_1+1}^{m}a_ib_i\\&=\boldsymbol{a}_1\cdot\boldsymbol{b}_1+\boldsymbol{a}_2\cdot\boldsymbol{b}_2\end{aligned}$$

となる．

2. A_1, A_2 をそれぞれ

$$A_1=\begin{pmatrix} \boldsymbol{a}_{11} \\ \vdots \\ \boldsymbol{a}_{l1} \end{pmatrix},\quad A_2=\begin{pmatrix} \boldsymbol{a}_{12} \\ \vdots \\ \boldsymbol{a}_{l2} \end{pmatrix}$$

と表す．ここで，$\boldsymbol{a}_{i1}(\boldsymbol{a}_{i2})$ は m_1 次元 (m_2 次元) 横ベクトルである．特に A は

$$A=(A_1,\ A_2)$$
$$=\begin{pmatrix} \boldsymbol{a}_{11},\ \boldsymbol{a}_{12} \\ \vdots \\ \boldsymbol{a}_{l1},\ \boldsymbol{a}_{l2} \end{pmatrix}=\begin{pmatrix} \boldsymbol{a}_1 \\ \vdots \\ \boldsymbol{a}_l \end{pmatrix},\quad \boldsymbol{a}_i=(\boldsymbol{a}_{i1},\ \boldsymbol{a}_{i2})$$

と表される．同様に B_1, B_2 を

$$B_1=(\boldsymbol{b}_1^1,\ \cdots,\ \boldsymbol{b}_1^n),\quad B_2=(\boldsymbol{b}_2^1,\ \cdots,\ \boldsymbol{b}_2^n)$$

と m_1 次元 (m_2 次元) 縦ベクトル $\boldsymbol{b}_1^i(\boldsymbol{b}_2^i)$ を用いて表すと

$$B=\begin{pmatrix} B_1 \\ B_2 \end{pmatrix}=\begin{pmatrix} \boldsymbol{b}_1^1 & \cdots & \boldsymbol{b}_1^n \\ \boldsymbol{b}_2^1 & \cdots & \boldsymbol{b}_2^n \end{pmatrix}=(\boldsymbol{b}^1,\ \cdots,\ \boldsymbol{b}^n),\quad \boldsymbol{b}^j=\begin{pmatrix} \boldsymbol{b}_1^j \\ \boldsymbol{b}_2^j \end{pmatrix}$$

となる．(1.4) より AB の $(i,\ j)$ 成分 $(AB)_{ij}$ は $\boldsymbol{a}_i\boldsymbol{b}^j$ に等しいが，問 1.1 より

$$\boldsymbol{a}_i\boldsymbol{b}^j=\boldsymbol{a}_{i1}\boldsymbol{b}_1^j+\boldsymbol{a}_{i2}\boldsymbol{b}_2^j$$

となり，再び (1.4) より $\boldsymbol{a}_{i1}\boldsymbol{b}_1^j$ は A_1B_1 の $(i,\ j)$ 成分，$\boldsymbol{a}_{i2}\boldsymbol{b}_2^j$ は A_2B_2 の $(i,\ j)$ 成分に等しいので，

$$(AB)_{ij}=(A_1B_1)_{ij}+(A_2B_2)_{ij}$$

が示された．

3.

$$B_1=\begin{pmatrix} B_{11} \\ B_{21} \end{pmatrix},\quad B_2=\begin{pmatrix} B_{12} \\ B_{22} \end{pmatrix}$$

とおくと，

$$B=(B_1,\ B_2)$$

となり補題 1.1 から

$$AB=(AB_1,\ AB_2)$$

となる．問 1.2 より

$$AB_1=A_1B_{11}+A_2B_{21},\quad AB_2=A_1B_{12}+A_2B_{22}$$

となるので，求める式が得られる．

4.

$$A_1=(A_{11},\ A_{12}),\quad A_2=(A_{21},\ A_{22})$$

とすると

$$A=\begin{pmatrix} A_1 \\ A_2 \end{pmatrix}$$

となる．補題 1.2 より

$$AB=\begin{pmatrix} A_1 B \\ A_2 B \end{pmatrix}$$

となり，問 1.3 から

$$A_1 B=(A_{11}B_{11}+A_{12}B_{21},\ A_{11}B_{12}+A_{12}B_{22}),$$

$$A_2 B=(A_{21}B_{11}+A_{22}B_{21},\ A_{21}B_{12}+A_{22}B_{22})$$

が得られるので，求める式が示される．

5.

$$A=\left(\begin{array}{cc|cc} 1 & 2 & 0 & 0 \\ 2 & 1 & 0 & 0 \\ \hline 0 & 0 & -1 & 1 \\ 0 & 0 & 1 & -1 \end{array}\right)=\begin{pmatrix} A_{11} & O \\ O & A_{22} \end{pmatrix}$$

$$B=\left(\begin{array}{cc|cc} 1 & -1 & 2 & 1 \\ -1 & 1 & 1 & 2 \\ \hline 0 & 0 & 1 & 1 \\ 0 & 0 & 1 & 1 \end{array}\right)=\begin{pmatrix} B_{11} & B_{12} \\ O & B_{22} \end{pmatrix}$$

と分解すると，

$$AB=\begin{pmatrix} A_{11}B_{11} & A_{11}B_{12} \\ O & A_{22}B_{22} \end{pmatrix}$$

となる．ここで，

$$A_{11}B_{11}=\begin{pmatrix} -1 & 1 \\ 1 & -1 \end{pmatrix},\quad A_{11}B_{12}=\begin{pmatrix} 4 & 5 \\ 5 & 4 \end{pmatrix},\quad A_{22}B_{22}=\begin{pmatrix} 0 & 0 \\ 0 & 0 \end{pmatrix}$$

を代入すれば，

$$AB=\begin{pmatrix} -1 & 1 & 4 & 5 \\ 1 & -1 & 5 & 4 \\ 0 & 0 & 0 & 0 \\ 0 & 0 & 0 & 0 \end{pmatrix}$$

を得る.

第 2 章

1.

$$A=\begin{pmatrix} A_{11} & B \\ O & A_{22} \end{pmatrix}$$

ただし,

$$A_{11}=\begin{pmatrix} 1 & 2 \\ 2 & 1 \end{pmatrix}, \quad B=\begin{pmatrix} 1 & -1 \\ 0 & 1 \end{pmatrix}, \quad A_{22}=\begin{pmatrix} 1 & 1 \\ 1 & 1 \end{pmatrix}$$

と表す.

A_{22} の第 1 行を (−1) 倍して第 2 行に加え，ガウス行列にする：

$$A_{22}=\begin{pmatrix} 1 & 1 \\ 1 & 1 \end{pmatrix} \times(-1) \quad \longrightarrow \quad \varGamma_2'=\begin{pmatrix} 1 & 1 \\ 0 & 0 \end{pmatrix}$$

これは，もとの A で見ると第 3 行を (−1) 倍して第 4 行に加えることになる：

$$A=\begin{pmatrix} 1 & 2 & 1 & -1 \\ 2 & 1 & 0 & 1 \\ 0 & 0 & 1 & 1 \\ 0 & 0 & 1 & 1 \end{pmatrix} \times(-1) \quad \longrightarrow \quad A'=\begin{pmatrix} 1 & 2 & 1 & -1 \\ 2 & 1 & 0 & 1 \\ 0 & 0 & 1 & 1 \\ 0 & 0 & 0 & 0 \end{pmatrix}$$

次に A_{11} に注目し，第 1 行を (−2) 倍して第 2 行に加える：

$$A_{11}=\begin{pmatrix} 1 & 2 \\ 2 & 1 \end{pmatrix} \times(-2) \quad \longrightarrow \quad A_{11}'=\begin{pmatrix} 1 & 2 \\ 0 & -3 \end{pmatrix}$$

さらに第 2 行を $\left(-\frac{1}{3}\right)$ 倍する：

$$A_{11}'=\begin{pmatrix} 1 & 2 \\ 0 & -3 \end{pmatrix} \times\left(-\frac{1}{3}\right) \quad \longrightarrow \quad \varGamma_1'=\begin{pmatrix} 1 & 2 \\ 0 & 1 \end{pmatrix}$$

これを A' で見ると，第 1 行を (−2) 倍して第 2 行に加え，さらに第 2 行を $\left(-\frac{1}{3}\right)$ 倍することになる：

$$A'=\begin{pmatrix} 1 & 2 & 1 & -1 \\ 2 & 1 & 0 & 1 \\ 0 & 0 & 1 & 1 \\ 0 & 0 & 0 & 0 \end{pmatrix} \times(-2) \quad \longrightarrow \quad \begin{pmatrix} 1 & 2 & 1 & -1 \\ 0 & -3 & -2 & 3 \\ 0 & 0 & 1 & 1 \\ 0 & 0 & 0 & 0 \end{pmatrix} \times\left(-\frac{1}{3}\right)$$

$$\longrightarrow \quad \Gamma=\begin{pmatrix} 1 & 2 & 1 & -1 \\ 0 & 1 & \dfrac{2}{3} & -1 \\ 0 & 0 & 1 & 1 \\ 0 & 0 & 0 & 0 \end{pmatrix}$$

このとき

$$r(A_{22})=1, \quad r(A_{11})=2$$

また

$$r(A)=3=r(A_{11})+r(A_{22})$$

となることがわかる．

2. 1 の方法に従って A をガウス行列に変形する．まず，A_{22} を基本変形によりガウス行列 Γ_2' に変形し，同じ変形を A の

$$(O, \quad A_{22})$$

の部分に行うと

$$A=\begin{pmatrix} A_{11} & B \\ O & A_{22} \end{pmatrix} \longrightarrow A'=\begin{pmatrix} A_{11} & B \\ O & \Gamma_2' \end{pmatrix}$$

となる．次に A_{11} に基本変形を行いガウス行列 Γ_1' に変形し同じ変形を A' の

$$(A_{11}, \quad B)$$

の部分に行うと

$$A'=\begin{pmatrix} A_{11} & B \\ O & \Gamma_2' \end{pmatrix} \longrightarrow \Gamma=\begin{pmatrix} \Gamma_1' & B' \\ O & \Gamma_2' \end{pmatrix}$$

となる．このとき Γ はガウス行列で，その先頭の 1 の個数は Γ_1' の先頭の 1 の個数と Γ_2' の先頭の 1 の個数を足したものに等しいから，

$$r(A)=r(A_{11})+r(A_{22})$$

が従う．

第 3 章

1.　(i)　$F_n(i \longleftrightarrow j)$ の第 i 行と第 j 行を入れ替えると単位行列になるから

$$r(F_n(i \longleftrightarrow j)) = n$$

(ii)　$F_n(i,\alpha)$ の第 i 行に α^{-1} を掛けると単位行列になるから

$$r(F_n(i,\alpha)) = n$$

(iii)　$F_n(i \xrightarrow{\lambda} j)$ の第 j 行に第 i 行を $(-\lambda)$ 倍して加えると単位行列になるから

$$r(F_n(i \xrightarrow{-\lambda} j)) = n$$

2.　(i)　$F_n(i,\alpha)$ の第 i 行に α^{-1} を掛けると単位行列になる．一方，第 i 行に α^{-1} を掛ける操作は左から $F_n(i,\alpha^{-1})$ を掛けることに等しかったので，

$$F_n(i,\alpha^{-1}) \cdot F_n(i,\alpha) = I_n$$

となる．

(ii)　$F_n(i \xrightarrow{\lambda} j)$ の第 j 行に第 i 行を $(-\lambda)$ 倍して加えると単位行列となる．一方，第 j 行に第 i 行を $(-\lambda)$ 倍して加える操作は，左から $F_n(i \xrightarrow{-\lambda} j)$ を掛ける操作に等しかったので，

$$F_n(i \xrightarrow{-\lambda} j) \cdot F_n(i \xrightarrow{\lambda} j) = I_n$$

となる．

3. ガウスの方法を実行すれば

$$\begin{pmatrix} 2 & -1 & 3 \\ 1 & 2 & -2 \\ 4 & 3 & 1 \end{pmatrix}^{-1} = \begin{pmatrix} \dfrac{4}{5} & 1 & -\dfrac{2}{5} \\ -\dfrac{9}{10} & -1 & \dfrac{7}{10} \\ -\dfrac{1}{2} & -1 & \dfrac{1}{2} \end{pmatrix}$$

と求められる．

第 4 章

1.　(i)　定義にしたがって余因子行列 B は

$$B = \begin{pmatrix} (x-1)^2 & 2(x-1) & 0 \\ x-1 & (x-1)^2 & 0 \\ 1 & x-1 & (x-1)^2-2 \end{pmatrix}$$

$$
= x^2 \begin{pmatrix} 1 & 0 & 0 \\ 0 & 1 & 0 \\ 0 & 0 & 1 \end{pmatrix} + x \begin{pmatrix} -2 & 2 & 0 \\ 1 & -2 & 0 \\ 0 & 1 & -2 \end{pmatrix} + \begin{pmatrix} 1 & -2 & 0 \\ -1 & 1 & 0 \\ 1 & -1 & -1 \end{pmatrix}
$$

と求められる．

（ii） (i) より

$$
B_2 = \begin{pmatrix} 1 & 0 & 0 \\ 0 & 1 & 0 \\ 0 & 0 & 1 \end{pmatrix}, \quad B_1 = \begin{pmatrix} -2 & 2 & 0 \\ 1 & -2 & 0 \\ 0 & 1 & -2 \end{pmatrix},
$$

$$
B_0 = \begin{pmatrix} 1 & -2 & 0 \\ -1 & 1 & 0 \\ 1 & -1 & -1 \end{pmatrix}
$$

となる．これらが A と交換可能となることの確認は読者に委ねる．

2. $xI_n - A$ の余因子行列を B とすると，クラメールの公式より

$$
|xI_n - A| \cdot I_n = (xI_n - A) \cdot B = B \cdot (xI_n - A)
$$

となる．したがって B を

$$
B = x^{n-1} B_{n-1} + \cdots + B_0
$$

と表すと，

$$
(xI_n - A)(x^{n-1} B_{n-1} + \cdots + B_0) = (x^{n-1} B_{n-1} + \cdots + B_0)(xI_n - A)
$$

が成り立つ．x についての 0 次項を比較すると

$$
-AB_0 = B_0 \cdot (-A)
$$

つまり

$$
AB_0 = B_0 A
$$

となることがわかる．さらに $x^k (k \geqq 1)$ の係数を比較すると，

$$
I_n \cdot B_{k-1} - A \cdot B_k = B_{k-1} \cdot I_n + B_k \cdot (-A)
$$

が成り立つことがわかるから，

$$
AB_k = B_k A
$$

が従う．

3. A の固有多項式は

$$P_A(x)=|xI_n-A|$$

で与えられたから，クラメールの公式は

$$P_A(x)\cdot I_n=(xI_n-A)\cdot(x^{n-1}B_{n-1}+\cdots+B_0)$$

となる．ここで，

$$x^{n-1}B_{n-1}+\cdots+B_0$$

は xI_n-A の余因子行列である．この式に $x=A$ を代入すると

$$\begin{aligned}P_A(A)&=(A-A)(A^{n-1}B_{n-1}+\cdots+B_0)\\&=0\end{aligned}$$

となる．

4. 第 1 行について余因子展開を行うと，

$$\Delta=-(x_1-x_2)(x_1-x_3)(x_2-x_3)$$

が得られる．

5. Δ は変数 $\{x_1,\cdots,x_n\}$ の次数 $\dfrac{n(n-1)}{2}$ の多項式となるので

$$\Delta=\Delta(x_1,\cdots,x_n)$$

と表すことにする．また

$$X=\begin{pmatrix}1&\cdots&1\\x_1&\cdots&x_n\\\vdots&\ddots&\vdots\\x_1^{n-1}&\cdots&x_n^{n-1}\end{pmatrix}$$

とおく．$i<j$ とし，X の第 j 列を第 i 列で置き替えたものを X'_j とする：

$$X'_j=\begin{pmatrix}1&\cdots&\overset{\overset{i}{\vee}}{1}&\cdots&\overset{\overset{j}{\vee}}{1}&\cdots&1\\x_1&\cdots&x_i&\cdots&x_i&\cdots&x_n\\\vdots&\ddots&\vdots&\ddots&\vdots&\ddots&\vdots\\x_1^{n-1}&\cdots&x_i^{n-1}&\cdots&x_i^{n-1}&\cdots&x_n^{n-1}\end{pmatrix}$$

このとき

$$\Delta(x_1,\cdots,x_i,\cdots,\overset{\overset{j}{\vee}}{x_i},\cdots,x_n)=|X_j'|=0$$

となるので，Δ は x_i-x_j で割りきれる．したがって

$$F=\prod_{i<j}(x_i-x_j)$$

とすると，F は次数 $\dfrac{n(n-1)}{2}$ の多項式で Δ を割りきるから

$$\Delta=\lambda\cdot F \quad (\lambda \text{ は定数})$$

となる．ここで Δ と F の $x_2x_3^2\cdots x_n^{n-1}$ の係数はそれぞれ $1,(-1)^{\frac{n(n-1)}{2}}$ となるから

$$\lambda=(-1)^{\frac{n(n-1)}{2}}$$

となることがわかる．

第 5 章

1. V の勝手な元 $\boldsymbol{v}$ は

$$\boldsymbol{v}=x_1\boldsymbol{v}_1+\cdots+x_l\boldsymbol{v}_l \quad (x_i \text{は実数})$$

と表される．したがって，AV の元は

$$\begin{aligned}A\boldsymbol{v}&=A(x_1\boldsymbol{v}_1+\cdots+x_l\boldsymbol{v}_l)\\&=x_1A\boldsymbol{v}_1+\cdots+x_lA\boldsymbol{v}_l\end{aligned}$$

と表されるので，$A(V)$ は $\mathbb{R}^n$ の部分線型空間で，

$$A(V)=\langle A\boldsymbol{v}_1,\cdots,A\boldsymbol{v}_l\rangle$$

となることがわかる．

2. （i）

$$A\begin{pmatrix}1\\1\\1\end{pmatrix}=\begin{pmatrix}0\\2\\0\end{pmatrix},\quad A\begin{pmatrix}0\\0\\1\end{pmatrix}=\begin{pmatrix}0\\1\\0\end{pmatrix}$$

より問 5.1 から，

$$A(V)=\left\langle A\begin{pmatrix}1\\1\\1\end{pmatrix},A\begin{pmatrix}0\\0\\1\end{pmatrix}\right\rangle=\left\langle\begin{pmatrix}0\\2\\0\end{pmatrix},\begin{pmatrix}0\\1\\0\end{pmatrix}\right\rangle$$

$$=\left\langle \begin{pmatrix} 0 \\ 1 \\ 0 \end{pmatrix} \right\rangle$$

となることがわかる．よって $A(V)$ の基底として

$$\left\{ \begin{pmatrix} 0 \\ 1 \\ 0 \end{pmatrix} \right\}$$

がとれる．

（ii） $r(A)=2$ となるから，

$$\dim A(V)=1 \leqq 2=r(A)$$

となる．

3. $\dim V=l$ とし，$\{\boldsymbol{v}_1,\cdots \boldsymbol{v}_l\}$ を V の基底とすると，$V=\langle \boldsymbol{v}_1,\cdots,\boldsymbol{v}_l\rangle$ となる．問 5.1 より

$$A(V)=\langle A\boldsymbol{v}_1,\cdots A\boldsymbol{v}_l\rangle$$

が成り立つので，補題 5.6 から

$$\dim A(V) \leqq l=\dim V$$

が従う．

4. 一般に，(m,n) 型行列 $X=(\boldsymbol{x}^1,\cdots,\boldsymbol{x}^n)$ に対し

$$r({}^tX)=\dim\langle \boldsymbol{x}^1,\cdots,\boldsymbol{x}^n\rangle$$

が成り立つことを思い出そう (命題 5.3)．したがって $r(X)=r({}^tX)$ より

$$r(X)=\dim\langle \boldsymbol{x}^1,\cdots,\boldsymbol{x}^n\rangle$$

が成り立つ．ここで，

$$\boldsymbol{x}^i=X\boldsymbol{e}^i$$

であるから，問 5.1 より

$$\begin{aligned}\langle \boldsymbol{x}^1,\cdots,\boldsymbol{x}^n\rangle &= \langle X\boldsymbol{e}^1,\cdots,X\boldsymbol{e}^n\rangle \\ &= X(\mathbb{R}^n)\end{aligned}$$

よって，

$$r(X)=\dim X(\mathbb{R}^n)$$

が従う．

5. 問 5.4 より

$$r(AB)=\dim AB(\mathbb{R}^n)$$

及び

$$r(B)=\dim B(\mathbb{R}^n)$$

が従う．ここで，$V=B(\mathbb{R}^n)$ とすると，問 5.3 より

$$\dim A(V)\leqq \dim V$$

となり，

$$A(V)=AB(\mathbb{R}^n)$$

に注意すると，

$$\begin{aligned}r(AB)&=\dim AB(\mathbb{R}^n)\leqq \dim B(\mathbb{R}^n)\\&=r(B)\end{aligned}$$

となり，

$$r(AB)\leqq r(B)$$

が得られた．また

$${}^t(AB)={}^tB\cdot{}^tA$$

に注意すると，上に述べたことから

$$r({}^t(AB))=r({}^tB\cdot{}^tA)\leqq r({}^tA)$$

が従う．ここで，

$$r({}^t(AB))=r(AB),\qquad r({}^tA)=r(A)$$

より，

$$r(AB)\leqq r(A)$$

が得られる．

第6章

1. $h=\alpha f+\beta g$ とおく．$\boldsymbol{x},\boldsymbol{y}\in\boldsymbol{R}^n,\lambda,\mu\in\boldsymbol{R}$ に対し，

$$h(\lambda\boldsymbol{x}+\mu\boldsymbol{y})=\lambda h(\boldsymbol{x})+\mu h(\boldsymbol{y})$$

の成り立つことを確めれば良い．左辺は

$$\begin{aligned} h(\lambda \boldsymbol{x}+\mu \boldsymbol{y}) &= (\alpha f+\beta g)(\lambda \boldsymbol{x}+\mu \boldsymbol{y}) \\ &= \alpha\cdot f(\lambda \boldsymbol{x}+\mu \boldsymbol{y})+\beta\cdot g(\lambda \boldsymbol{x}+\mu \boldsymbol{y}) \end{aligned}$$

となり，f,g の線型性より，これは

$$\begin{aligned} &\alpha(\lambda f(\boldsymbol{x})+\mu f(\boldsymbol{y}))+\beta(\lambda g(\boldsymbol{x})+\mu g(\boldsymbol{y})) \\ &=\lambda(\alpha f(\boldsymbol{x})+\beta g(\boldsymbol{x}))+\mu(\alpha f(\boldsymbol{y})+\beta g(\boldsymbol{y})) \\ &=\lambda h(\boldsymbol{x})+\mu h(\boldsymbol{y}) \end{aligned}$$

に等しい．

2. $k=f\circ g$ とし，$\boldsymbol{x},\boldsymbol{y}\in \boldsymbol{R}^n,\alpha,\beta\in \boldsymbol{R}$ に対し

$$k(\alpha \boldsymbol{x}+\beta \boldsymbol{y})=\alpha k(\boldsymbol{x})+\beta k(\boldsymbol{y})$$

が成り立つことを確認すれば良い．左辺は f と g の線型性を用いて

$$\begin{aligned} k(\alpha \boldsymbol{x}+\beta \boldsymbol{y}) &= f(g(\alpha \boldsymbol{x}+\beta \boldsymbol{y}))=f(\alpha g(\boldsymbol{x})+\beta g(\boldsymbol{y})) \\ &=\alpha f(g(\boldsymbol{x}))+\beta f(g(\boldsymbol{y})) \\ &=\alpha k(\boldsymbol{x})+\beta k(\boldsymbol{y}) \end{aligned}$$

と変形される．

3.

$$\boldsymbol{f}_1=\begin{pmatrix} -1 \\ 0 \\ 1 \end{pmatrix},\quad \boldsymbol{f}_2=\begin{pmatrix} -1 \\ 1 \\ 0 \end{pmatrix}$$

とすると，$\{\boldsymbol{f}_1,\boldsymbol{f}_2\}$ は平面 H の基底となる．また，

$$\boldsymbol{f}_3=\begin{pmatrix} 1 \\ 1 \\ 1 \end{pmatrix}$$

とすると，$\boldsymbol{f}=\{\boldsymbol{f}_1,\boldsymbol{f}_2,\boldsymbol{f}_3\}$ は $\boldsymbol{R}^3$ の基底となり，

$$S(\boldsymbol{f}_1)=\boldsymbol{f}_1,\qquad S(\boldsymbol{f}_2)=\boldsymbol{f}_2,\qquad S(\boldsymbol{f}_3)=-\boldsymbol{f}_3$$

となるので，S の基底 $\boldsymbol{f}$ についての行列表示は

$$\Lambda=\begin{pmatrix} 1 & 0 & 0 \\ 0 & 1 & 0 \\ 0 & 0 & -1 \end{pmatrix}$$

となる．基底 $\boldsymbol{f}$ から標準基底 $\boldsymbol{e}=\{\boldsymbol{e}_1,\boldsymbol{e}_2,\boldsymbol{e}_3\}$ への変換行列は

$$T(\boldsymbol{f}\longrightarrow\boldsymbol{e})=\begin{pmatrix} -1 & -1 & 1 \\ 0 & 1 & 1 \\ 1 & 0 & 1 \end{pmatrix}$$

となるので，S の標準基底についての行列表示は

$$\begin{aligned}
&T(\boldsymbol{f}\longrightarrow\boldsymbol{e})\cdot\Lambda\cdot T(\boldsymbol{f}\longrightarrow\boldsymbol{e})^{-1} \\
&=\begin{pmatrix} -1 & -1 & 1 \\ 0 & 1 & 1 \\ 1 & 0 & 1 \end{pmatrix}\begin{pmatrix} 1 & 0 & 0 \\ 0 & 1 & 0 \\ 0 & 0 & -1 \end{pmatrix}\begin{pmatrix} -\frac{1}{3} & -\frac{1}{3} & \frac{2}{3} \\ -\frac{1}{3} & \frac{2}{3} & -\frac{1}{3} \\ \frac{1}{3} & \frac{1}{3} & \frac{1}{3} \end{pmatrix} \\
&=\begin{pmatrix} \frac{1}{3} & -\frac{2}{3} & -\frac{2}{3} \\ -\frac{2}{3} & \frac{1}{3} & -\frac{2}{3} \\ -\frac{2}{3} & -\frac{2}{3} & \frac{1}{3} \end{pmatrix}
\end{aligned}$$

と求められる．

第 7 章

1.　(i)　$\mathbb{R}^4$ の正規直交基底

$$\boldsymbol{p}=\{\boldsymbol{p}_1,\boldsymbol{p}_2,\boldsymbol{p}_3,\boldsymbol{p}_4\}$$

を $\{\boldsymbol{p}_1,\boldsymbol{p}_2\}$ が平面 H の正規直交基底となるようにとるとき，P の $\boldsymbol{p}$ についての行列表示は，

$$\begin{pmatrix} 1 & 0 & 0 & 0 \\ 0 & 1 & 0 & 0 \\ 0 & 0 & 0 & 0 \\ 0 & 0 & 0 & 0 \end{pmatrix}$$

となるのであった．したがって，基底 $\boldsymbol{p}$ から標準基底 $\boldsymbol{e}=\{\boldsymbol{e}_1,\boldsymbol{e}_2,\boldsymbol{e}_3,\boldsymbol{e}_4\}$ への変換行列を用いて，求める行列は

$$T(\boldsymbol{p} \longrightarrow \boldsymbol{e}) \begin{pmatrix} 1 & 0 & 0 & 0 \\ 0 & 1 & 0 & 0 \\ 0 & 0 & 0 & 0 \\ 0 & 0 & 0 & 0 \end{pmatrix} T(\boldsymbol{p} \longrightarrow \boldsymbol{e})^{-1}$$

となる．したがって，基底 $\boldsymbol{p}$ を決定すれば良い．

H の正規直交基底として

$$\boldsymbol{p}_1 = \frac{1}{\sqrt{2}} \begin{pmatrix} 1 \\ 0 \\ -1 \\ 0 \end{pmatrix}, \quad \boldsymbol{p}_2 = \frac{1}{\sqrt{2}} \begin{pmatrix} 0 \\ 1 \\ 0 \\ -1 \end{pmatrix}$$

をとる．$\boldsymbol{p}_3, \boldsymbol{p}_4$ は $\{\boldsymbol{p}_1, \boldsymbol{p}_2, \boldsymbol{e}_3, \boldsymbol{e}_4\}$ にグラム-シュミットの直交化法を用いて求める．

$$\begin{aligned} \boldsymbol{p}'_3 &= \boldsymbol{e}_3 - (\boldsymbol{e}_3, \boldsymbol{p}_1) \cdot \boldsymbol{p}_1 - (\boldsymbol{e}_3, \boldsymbol{p}_2) \cdot \boldsymbol{p}_2 \\ &= \frac{1}{2} \begin{pmatrix} 1 \\ 0 \\ 1 \\ 0 \end{pmatrix} \end{aligned}$$

とし，

$$\boldsymbol{p}_3 = \frac{\boldsymbol{p}'_3}{\| \boldsymbol{p}'_3 \|} = \frac{1}{\sqrt{2}} \begin{pmatrix} 1 \\ 0 \\ 1 \\ 0 \end{pmatrix}.$$

また，

$$\begin{aligned} \boldsymbol{p}'_4 &= \boldsymbol{e}_4 - (\boldsymbol{e}_4, \boldsymbol{p}_1) \cdot \boldsymbol{p}_1 - (\boldsymbol{e}_4, \boldsymbol{p}_2) \cdot \boldsymbol{p}_2 - (\boldsymbol{e}_4, \boldsymbol{p}_3) \boldsymbol{p}_3 \\ &= \frac{1}{2} \begin{pmatrix} 0 \\ 1 \\ 0 \\ 1 \end{pmatrix} \end{aligned}$$

とし，

$$\boldsymbol{p}_4=\frac{\boldsymbol{p}'_4}{\|\boldsymbol{p}'_4\|}=\frac{1}{\sqrt{2}}\begin{pmatrix}0\\1\\0\\1\end{pmatrix}$$

$$\therefore\quad T(\boldsymbol{p}\longrightarrow\boldsymbol{e})=\frac{1}{\sqrt{2}}\begin{pmatrix}1&0&1&0\\0&1&0&1\\-1&0&1&0\\0&-1&0&1\end{pmatrix}$$

となり，これを先ほどの式に代入して，求める行列は

$$\frac{1}{2}\begin{pmatrix}1&0&-1&0\\0&1&0&-1\\-1&0&1&0\\0&-1&0&1\end{pmatrix}$$

となる．

（ii） (i) で求めた行列を A とすると，求める点は

$$Aa=\frac{1}{2}\begin{pmatrix}1&0&-1&0\\0&1&0&-1\\-1&0&1&0\\0&-1&0&1\end{pmatrix}\begin{pmatrix}a_1\\a_2\\a_3\\a_4\end{pmatrix}$$

$$=\frac{1}{2}\begin{pmatrix}a_1-a_3\\a_2-a_4\\-a_1+a_3\\-a_2+a_4\end{pmatrix}$$

となる．

第 8 章

1. （i） P の固有値と固有ベクトルを求めれば良い．

P の固有多項式

$$F_P(t)=|tI_4-P|$$

を第 1 行に関する余因子展開で求めると，

$$F_P(t)=t\left(t-\frac{3}{8}\right)\left(t+\frac{3}{8}\right)(t-1)$$

となる．よって，P の固有値は

$$\left\{-\frac{3}{8},\ 0,\ \frac{3}{8},\ 1\right\}$$

となり，それぞれに対応する固有値ベクトルは，

$$\left\{\begin{pmatrix} 0 \\ -1 \\ 0 \\ 1 \end{pmatrix}, \begin{pmatrix} -3 \\ 1 \\ 1 \\ 1 \end{pmatrix}, \begin{pmatrix} 0 \\ 1 \\ -2 \\ 1 \end{pmatrix}, \begin{pmatrix} 1 \\ 1 \\ 1 \\ 1 \end{pmatrix}\right\}$$

となるので，

$$T=\begin{pmatrix} 0 & -3 & 0 & 1 \\ -1 & 1 & 1 & 1 \\ 0 & 1 & -2 & 1 \\ 1 & 1 & 1 & 1 \end{pmatrix}, \quad \Lambda=\begin{pmatrix} -\frac{3}{8} & 0 & 0 & 0 \\ 0 & 0 & 0 & 0 \\ 0 & 0 & \frac{3}{8} & 0 \\ 0 & 0 & 0 & 1 \end{pmatrix}$$

となる．

（ii） $P^n = T\Lambda^n T^{-1}$ より，

$$\begin{aligned}\lim_{n\to\infty} P^n &= T\cdot \lim_{n\to\infty} \Lambda^n \cdot T^{-1} \\ &= T\begin{pmatrix} 0 & 0 & 0 & 0 \\ 0 & 0 & 0 & 0 \\ 0 & 0 & 0 & 0 \\ 0 & 0 & 0 & 1 \end{pmatrix} T^{-1} = \frac{1}{4}\begin{pmatrix} 1 & 1 & 1 & 1 \\ 1 & 1 & 1 & 1 \\ 1 & 1 & 1 & 1 \\ 1 & 1 & 1 & 1 \end{pmatrix}.\end{aligned}$$

したがって，

$$\begin{aligned}\lim_{n\to\infty} P^n \boldsymbol{x} &= \frac{1}{4}\begin{pmatrix} 1 & 1 & 1 & 1 \\ 1 & 1 & 1 & 1 \\ 1 & 1 & 1 & 1 \\ 1 & 1 & 1 & 1 \end{pmatrix}\begin{pmatrix} x_1 \\ x_2 \\ x_3 \\ x_4 \end{pmatrix} \\ &= \frac{1}{4}\sum_{i=1}^{4} x_i \begin{pmatrix} 1 \\ 1 \\ 1 \\ 1 \end{pmatrix} = \frac{a}{4}\begin{pmatrix} 1 \\ 1 \\ 1 \\ 1 \end{pmatrix}\end{aligned}$$

となる．

補足

この問題を解くにあたり，より簡単に T^{-1} を求めるためには T を

$$T = \begin{pmatrix} 0 & -\dfrac{\sqrt{3}}{2} & 0 & \dfrac{1}{2} \\ -\dfrac{1}{\sqrt{2}} & \dfrac{1}{2\sqrt{3}} & \dfrac{1}{\sqrt{6}} & \dfrac{1}{2} \\ 0 & \dfrac{1}{2\sqrt{3}} & -\sqrt{\dfrac{2}{3}} & \dfrac{1}{2} \\ \dfrac{1}{\sqrt{2}} & \dfrac{1}{2\sqrt{3}} & \dfrac{1}{\sqrt{6}} & \dfrac{1}{2} \end{pmatrix}$$

と直交行列の形で求めておくと良い．

実際，命題 8.3 より

$$T^{-1} = {}^tT$$

と簡単に求められる．

索　引

杉山 健一（すぎやま・けんいち）

略歴
1959年　茨城県に生まれる
1982年　東京大学理学部数学科卒業
1987年　東京大学大学院理学系研究科博士課程修了
現　在　立教大学理学部数学科教授.
　　　　理学博士.

著書
『フーリエ解析講義 理論と応用』（講談社）

線型代数（せんけいだいすう）　　シリーズ 理科系の数学入門1

2006年3月20日　第1版第1刷発行
2011年4月20日　第1版第2刷発行
2017年4月15日　第1版デジタル複製版発行

著　者　杉山　健一
発行者　串崎　浩
発行所　株式会社　日本評論社
〒170-8474 東京都豊島区南大塚3-12-4
電話　(03) 3987-8621 [販売]
(03) 3987-8599 [編集]
印　刷　三美印刷株式会社
製　本　牧製本印刷株式会社
装　幀　妹尾　浩也

ISBN978-4-535-59197-4